Elektrische Kontakte und Schaltvorgänge

Grundlagen für den Praktiker

Von

Dr. Walther Burstyn

vorm. a. o. Professor an der Technischen Hochschule
in Berlin-Charlottenburg

Vierte
verbesserte und erweiterte Auflage

Mit 92 Abbildungen

Springer-Verlag
Berlin / Göttingen / Heidelberg
1956

ISBN-13:978-3-540-01999-2   e-ISBN-13:978-3-642-92668-6
DOI: 10.1007/978-3-642-92668-6

Vorwort zur vierten Auflage

Gleich der dritten Auflage ist auch die vierte an einigen Stellen ergänzt und erweitert worden, vor allem durch Einbeziehung der Ergebnisse einiger neuerer Arbeiten auf den Gebieten der Verbundwerkstoffe, der Korrosion und der Übergangswiderstände. Bisher kaum beachtet worden ist die elektrostatische Anziehung, die zwischen Kontakten bei sehr kleinen Abständen auftritt und überraschend große Werte erreichen kann; sie erklärt u. a. die „kalte Punktentladung".

Die Technik benützt in immer höherem Maße Relais und Schalter, und so ist auch das Bedürfnis der Konstrukteure und Techniker gestiegen, über die Leistungen und Eigenschaften der Kontakte Bescheid zu wissen, um sie richtig anwenden zu können und Fehlgriffe zu vermeiden. Insbesondere diesem Zwecke soll, wie die bisherigen, auch die vorliegende vierte Auflage dienen.

Berlin, Juni 1956 **W. Burstyn**

Vorwort zur ersten Auflage

Das vorliegende Buch befaßt sich nicht mit jenen Schaltern, die die Stromunterbrechung durch Verlängerung oder Ausblasen des Lichtbogens bewirken und für hohe Spannungen und Ströme bestimmt sind, sondern mit solchen, die nur einen kleinen Hub auszuführen brauchen, wie die meisten Relais. Dennoch handelt es sich dabei nicht nur um sog. Schwachstrom.

Merkwürdigerweise sind die physikalischen Grundlagen für solche Schalter wenig bekannt und in keinem Lehrbuche zu finden, obwohl sie zu den elementarsten Dingen der Elektrotechnik gehören. Zum Beispiel zeigt es sich, daß sehr viele Ingenieure auf die Frage, welche Luftstrecke 220 V zu durchschlagen vermögen, nicht die richtige Antwort zu geben wissen.

Das Buch will diese Grundlagen sowie die sich daraus ergebenden praktischen Folgerungen zusammenfassend beschreiben, zum großen Teil gestützt auf eigene Arbeiten. Es erhebt keinen Anspruch auf wissenschaftliche Höhe oder erschöpfende Behandlung des Stoffes. Mathematik ist fast ganz vermieden; wo sie vorkommt, kann darüber hinweggelesen werden, so daß sich auch der ungeschulte Praktiker des Buches bedienen kann.

Berlin-Wilmersdorf, im Juli 1937 **W. Burstyn**

Inhaltsverzeichnis

Allgemeines

1. Bezeichnungen

A = Arbeit (Wattsekunde, Joule).
Å = Ångström 10^{-10} m).
Ag = Silber.
Al = Aluminium.
Au = Gold.
a = Abstand (cm).
C = Kapazität (Farad).
Cu = Kupfer.
d = Drahtdurchmesser (cm).
$\mathfrak{d}$ = logar. Dekrement.
f = Frequenz = $1/T$.
I, i = Strom (Ampere).
i_u = Grenzstrom bei der Spannung U.
L = Selbstinduktion (Henry).
μ = 10^{-6} m = 10^{-4} Å
Ni = Nickel.
Pd = Palladium.
Pt = Platin.
r = Halbmesser einer Spule (cm).

ϱ = spez. Widerstand ($\Omega \cdot$ cm).
R = Widerstand (Ω).
R_c = Vorschaltwiderstand eines Kondensators (Ω).
R_d = dämpfender Widerstand (Ω).
R_s = Widerstand einer Selbstinduktion [(Ω).
Schaltstoff = Kontaktmaterial.
Schaltstück = Kontaktstück, Kontakt.
T, t = Zeit, Periode (Sekunden).
U, u = Spannung (Volt).
U_b = Mindestspannung am Lichtbogen.
U_g = Mindestspannung am Glimmlicht.
U_h = Scheitelspannung eines Wechselstromes.
U_u = Spannung am Schalter.
V = Wicklungsvolumen (cm³).
W = Wärmemenge (gcal).
W = Watt.
W = Wolfram.

2. Einleitung

Ein großer Vorteil der Elektrizität gegenüber anderen Energieformen besteht darin, daß sie es gestattet, kleine und große Leistungen mit einem verhältnismäßig viel geringeren Kraftaufwande zu steuern, als es mechanisch oder hydraulisch möglich ist. Das Mittel dazu ist der Schalter, und dieser beruht auf dem elektrischen Kontakte.

Kontakte sind in allen elektrischen Geräten vorhanden. Klemmen, Schalter, Relais, Schütze, Schleifringe und Kollektoren sind durch Kontakt wirksam. An den Kontaktstellen treten physikalische und chemische Erscheinungen mannigfacher Art auf, die bei Nichtbeachtung zu erheblichen Störungen führen können.

Die wichtigsten Anforderungen an einen Kontakt sind: Einwandfreies Schließen und Öffnen eines Stromkreises und für die Dauer des Schließens ein möglichst kleiner Übergangswiderstand, der sich auch für eine gewisse Schaltzahl und Zeitdauer (z. B. 5 bis 20 Jahre) nicht merkbar ändern soll. Bei elektrisch hochbelasteten Kontakten müssen Materialverlust durch Abbrand und Materialwanderung so klein sein, daß für

eine geforderte Schaltzahl ein einwandfreies Schalten gesichert ist. Bei
Relais mit genauen Schaltzeiten sollen diese innerhalb der vorgeschrie-
benen Grenzen bleiben.

Diese Leistungen und die Auswahl eines Kontaktstoffes sind abhängig
von seinen Eigenschaften und den Bedingungen, unter denen er arbeitet.
Es sind dies insbesondere folgende:

Physikalische Eigenschaften: Elektrische und thermische Leitfähigkeit,
Schmelztemperatur und -wärme, Schmelzspannung, Verdampfungs-
temperatur (Siedepunkt) und Verdampfungswärme, Temperaturkoeffi-
zient des elektrischen Widerstandes, Elektronenaustrittsarbeit.

Chemische Eigenschaften: Beständigkeit gegen Korrosion und gegen
die Bildung von Deckschichten durch Sauerstoff und Schwefel.

Technologische Eigenschaften: Gefüge (homogen, Mischkristalle, ge-
sintert), Härte mit und ohne Oberflächenverdichtung, Zugfestigkeit,
Dehnung, Streckgrenze, Elastizitätsmodul, Wärmefestigkeit, Viskosität,
Verschleißfestigkeit, Bearbeitbarkeit.

Elektrische Bedingungen: Schaltspannung und -strom, Gleich- oder
Wechselstrom, Belastungsart (ohmisch, induktiv, kapazitiv), mit oder
ohne Lichtbogenlöschung.

Mechanische Bedingungen: Bei Abhebekontakten Abmessungen und
Form der Kontaktstücke, Kontaktdruck und Schaltgeschwindigkeit
beim Öffnen und Schließen, Schaltfrequenz, Flächenreibung oder nicht.
Bei Schleifkontakten Druck und Geschwindigkeit.

Preis: Die Wahl eines Kontaktstoffes ist nicht zum mindesten von
seinem Preise abhängig, der allerdings schwankt. Die nachstehenden
Angaben je Gramm galten im Herbst 1954:

Silber	Palladium	Gold	Platin	Iridium	Rhodium	
0,12	3,60	5,10	13	15	18	DM

3. Arbeitsweise und Formen der Kontakte

Nach ihrer Arbeitsweise lassen sich die Kontakte einteilen in

Abhebekontakte,	Steckkontakte und
Schleifkontakte,	Klemmkontakte.

Abhebekontakte oder Druckschalter nach Art eines Morsetasters werden
in den meisten Schaltgeräten, insbesondere in Relais, verwendet. Die
Schaltstücke sind meist rund mit flacher oder schwach-
konvexer Berührungsfläche (Bild 1) und haben einen Durchmesser von wenigen Millimetern. Für Versuchszwecke,
namentlich solche mit verschiedenen Schaltstoffen, gibt man
den Schaltstücken zweckmäßig die Form runder Stifte von
4 bis 5 mm Durchmesser und etwa 20 mm Länge. Einer der-

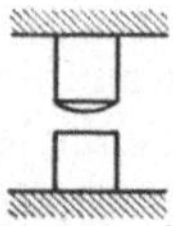

Bild 1.
Kontakt

selben wird fest eingespannt, der andere mit einer geeigneten Handhabe versehen oder in einen Schalthebel eingesetzt. Proben edler Metalle lötet man auf das Ende eines Stiftes auf.

Bei Versuchen mit über etwa 5 A erhält der Schalter besser eine Bauart ähnlich wie nach Bild 54.

Oft werden auch gekreuzte Drähte (Drahtstifte, sog. Kreuzkontakte) angewandt. Sie verhalten sich ähnlich wie zwei Kugeln vom doppelten Durchmesser der Drähte und ergeben bei Verformung durch Druck angenähert dieselbe kreisförmige Berührungsstelle.

Elektrische und thermische Leitfähigkeit spielen besonders bei mit starken Strömen belasteten Kontakten eine bedeutende Rolle. — Je nach ihrer Bauart und Anwendung können Abhebekontakte mit Schaltfrequenzen bis zu 1000 Hz und Schaltzahlen bis zu 2.10^9 beansprucht werden.

Steckkontakte sind Verbindungsstecker, Steckerleisten u. dgl. mit den zugehörigen Fassungen. Der bewegliche Teil ist als runder Stift oder messerartig geformt; einer der beiden Teile federt und bewirkt den kräftigen Reibungsdruck. Die Schalthäufigkeit ist sehr gering.

Klemm- und Schraubkontakte haben große Berührungsflächen, werden mit starkem Druck gegeneinander gepreßt und nur selten, niemals unter Strom, geschlossen und geöffnet.

Schleifkontakte sind solche mit mindestens einem schleifenden Kontaktstück, wie Schleifringe, Kollektoren und Drehschalter.

4. Kontaktstoffe

Die Kontaktwerkstoffe lassen sich in drei Gruppen einteilen: Elemente, Legierungen und Sinter- oder Verbundwerkstoffe. *Legierungen* sind Mischungen von Metallen, die sich in geschmolzenem Zustande völlig ineinander lösen und beim Erkalten homogene Mischkristalle bilden. Ihr Schmelzpunkt liegt niedriger, ihre Härte höher, als die Zusammensetzung erwarten ließe. Selten werden Legierungen benützt, die sich beim Erkalten und Kristallisieren wieder sondern. — *Verbundstoffe* bestehen aus Metallen, die sich nicht miteinander legieren. Sie werden durch Sinterung (oder, wie man auch sagt, pulvermetallurgisch) hergestellt, indem feinste Pulver der (zwei oder mehr) Bestandteile miteinander gemischt und bei einer unter dem Schmelzpunkte eines oder aller Bestandteile liegenden Temperatur und unter hohem Druck in einem geeigneten Schutzgase längere Zeit zusammengepreßt werden, wodurch sie sich vollkommen fest zusammenbacken.

a) Elementare Kontaktstoffe. *Kupfer* hat bei reiner Oberfläche gute Schalteigenschaften, bildet aber leicht eine braune bis schwarze, isolierende Oxydschicht und ist dann für niedrige Spannungen ungeeignet.

Nur bei höheren Spannungen, die diese Schicht zu durchbrechen vermögen, oder wenn sie durch einen kräftigen Schalter immer wieder zerklopft wird, ist Kupfer für kurze selbstlöschende Lichtbogen bei geringen Anforderungen an die Kontaktgüte brauchbar, wird aber immer mehr durch Silber und Silberlegierungen verdrängt.

Silber ist der am meisten verwendete Kontaktstoff der Elektrotechnik. Kein anderes Metall hat eine so hohe thermische und elektrische Leitfähigkeit wie Silber. Unter normalen Bedingungen und auch im Lichtbogen oxydiert es nicht, doch bildet es in schwefelhaltiger Luft gelbe bis schwarze Anlaufschichten aus Silbersulfid, deren Widerstand bei kleinen Kontaktkräften (unter 50 g) stört. Silber ist sehr duktil und wird in Form von Nieten, Formstücken, aufgelöteten Plättchen, plattiertem Material und galvanischen Überzügen verwendet. Es besitzt eine für die meisten Zwecke ausreichende Abbrandfestigkeit, neigt aber zum Verschweißen und bei Gleichstrom etwas zur Materialwanderung. Für sehr zarte Schalter, die kleinen Übergangswiderstand haben sollen, ist Silber nicht geeignet. Bei genügender Schaltkraft hat Silber den weitesten Anwendungsbereich aller Metalle bis hinauf zu Strömen von mehreren 1000 A.

Gold ist das edelste aller Metalle. Es bildet keinerlei Deckschichten, ist aber sehr weich und neigt stark zum Verschweißen und Kleben, sowie bei Gleichstrom zur Materialwanderung. Es läßt sich gut galvanisch aufbringen und wird rein nur so verwendet, sonst in Form von Legierungen.

Platin ist ziemlich weich, gut verformbar und plattierbar und bildet unter keinen Umständen eine isolierende Deckschicht. Sein hoher Schmelzpunkt ergibt eine gute Abbrandfestigkeit. Dank dieser und seiner hinreichenden Leitfähigkeit ist es von besonderer Bedeutung für Kontakte, von denen ein konstanter niedriger Übergangswiderstand verlangt wird. Bei Gleichstrom neigt es ein wenig zur Materialwanderung und Spitzenbildung. Es wird in der Schwachstromtechnik angewandt, wenn höchste Kontaktsicherheit verlangt ist, meist in Form von Legierungen.

Palladium hat von allen Metallen der Platingruppe die geringste Korrosionsfestigkeit, indem es in Luft oberhalb von 350° eine Oxydhaut bildet, die sich indes über 900° wieder zersetzt. Palladium neigt weniger zum Schweißen als Platin, hat aber eine etwas geringere Abbrandfestigkeit. Gegen Schwefel ist es unempfindlich. Dank seinem viel niedrigeren Preise und rund halb so hoher Dichte kommt es wesentlich billiger als Platin und ersetzt in der Schwachstromtechnik vorteilhaft sowohl dieses als das schwefelempfindliche Silber. Unter allen Edelmetallen genügt von Palladium der geringste Zusatz (30%), um Silber schwefelfest zu machen. Das reine Metall sowohl wie seine Legierungen werden daher für Relais u. dgl. immer mehr verwendet.

Rhodium ist chemisch sehr edel und bei normaler Temperatur völlig immun gegen die Bildung von Deckschichten. Erst über 600° bildet sich eine Oxydschicht. Für Kontakte wird Rhodium in Form von sehr dünnen und außerordentlich harten galvanischen Überzügen besonders in der Meß- und Hochfrequenztechnik angewandt.

Iridium besitzt noch höhere Festigkeit gegen Korrosion und Deckschichtenbildung als Rhodium. Sein hoher Schmelzpunkt und seine große Härte machen es schwer bearbeitbar, so daß es nur zu Legierungen (mit Platin und Osmium) und als galvanischer Überzug verwendet wird.

Osmium ist das Metall größter Härte und höchsten Schmelzpunktes aus der Platingruppe und wird wegen seines hohen Preises nur selten und für besonders hohe Ansprüche mit Platin legiert benützt.

Ruthenium ist ein sehr schwer herstellbares Metall. Es wird manchmal dem Platin zur Härtung zugesetzt. Desgleichen

Rhenium, dessen Schmelzpunkt nur wenig unter dem des Wolframs liegt.

Wolfram hat von allen Kontaktmetallen den höchsten Schmelzpunkt (3400°), ist stahlhart, sehr abbrandfest, säurebeständig, oxydiert jedoch bei höherer Temperatur und im Schaltfunken und erhält dann eine nichtleitende Kruste. Es erfordert daher Schalter, die die stetige Entfernung dieser Kruste durch hohen Druck und Reibung oder durch kräftiges Klopfen bewirken. — Wolfram wird aus Pulver gepreßt, gesintert und in Glühhitze unter Schutzgas zu Stangen oder Formstücken geschmiedet. Verwendet wird es meist in Scheibchen, die nicht aus Blech, sondern aus Stangen geschnitten und mit Kupfer oder Messing auf Träger aus Eisen oder Kupfer gelötet werden. Das Hauptanwendungsgebiet für Wolfram sind Kontakte mit schneller Schaltfolge, bei denen Abbrand und Materialwanderung gering sein sollen, wie bei Unterbrechern, Reglern, Vibratoren u. dgl. Für sehr niedrige Spannungen und zarte Kontakte ist Wolfram ungeeignet.

Molybdän ist dem Wolfram als Kontaktstoff unterlegen, läßt sich aber leichter bearbeiten. Für Unterbrecher wird es nur selten verwendet, doch als hochglanzpolierte Nieten für Telephonrelais.

Kohle dient in reiner Form als Bogenlampenkohle oder Graphit nur für die Bürsten kleiner Motoren, selten auch für Schalter. Sie bildet auch durch Lichtbogen keine Krusten, da sie ja zu Kohlensäure verbrennt.

b) Legierungen. *Silber-Kupfer.* Zusatz von Cu erhöht am stärksten die Härte des Ag, verringert den mechanischen und elektrischen Verschleiß und nur in sehr geringem Grade die thermische und elektrische Leitfähigkeit. Nachteilig ist, daß sich mit der Erhöhung des Cu-Gehaltes der Widerstand gegen Korrosion und noch mehr der gegen Schwefelwasserstoff verringert. Solche Legierungen sind nur dort zu empfehlen, wo bei reichlicher Kontaktkraft und häufigem Schalten, vorzugsweise bei

Schaltern mit Reibung zwischen den Kontaktstücken, geringe Abnutzung gefordert wird. Die am meisten gebräuchliche Legierung enthält 3,5% Cu, aber auch Legierungen mit 7,5, 10 und 20% werden verwendet. Letztere sind hitzebeständiger als Silber. Wo bei schwachem Kontaktdruck hohe Betriebssicherheit verlangt wird, und überhaupt für die meisten Fälle der Schwachstromtechnik, ist Ag-Cu ungeeignet.

Silber-Palladium mit bis 20% Pd ergibt in den meisten Fällen der Schwachstromtechnik eine etwas geringere Materialwanderung als reines Ag und langsamere Sulfidbildung. Völlig fest gegen Schwefelwasserstoff wird die Legierung erst bei 30% Pd und ist bei 40% dem reinen Pd gleichwertig. Bei 30% hat die Legierung etwa die doppelte Härte von Ag und den doppelten spez. Widerstand von Pd und zeigt gegenüber letzterem bei Gleichstrom geringere Materialwanderung und kleineren Materialverlust. Von allen korrosionsfesten Metallen ist Silber mit 30 bis 50% Pd am wirtschaftlichsten und wird daher in der Schwachstromtechnik das reine Ag verdrängen, insbesondere in den automatischen Fernsprechämtern, wo höchste Betriebssicherheit gefordert wird.

Silber-Gold. Geringe Zusätze von Gold verbessern zwar die Härte, aber nur wenig die Festigkeit gegen den elektrischen Angriff und gegen Schwefelwasserstoff. Vollständige Sicherheit gegen letzteren wird erst bei über 60% Au erreicht, was sich wegen des hohen Preises verbietet. Hauptsächlich wird eine Legierung mit 10% Au in Relais und Reglern verwendet, um Schweißneigung zu vermeiden.

Silber-Cadmium. Legierungen mit 10 und 20% Cd weisen noch eine gute elektrische Leitfähigkeit auf und sind bezüglich mechanischer Abnutzung und Materialwanderung besser als Silber. Dank ihrer geringen Schweißneigung eignen sie sich zum Schalten niedriger Spannungen mit kleinen Kräften.

Platin-Iridium ist die meistverwendete Platinlegierung und völlig sicher gegen chemischen Angriff. Bis etwa 20% Ir ist sie duktil und kann zu Kontaktnieten verformt oder auf andere Werkstoffe plattiert werden. Sie genügt den höchsten Ansprüchen für alle Zwecke.

Platin-Ruthenium wird zuweilen an Stelle des teureren Pt-Ir verwendet. Ru wirkt stärker härtend als Ir; daher liegt die Grenze der Bearbeitbarkeit schon bei etwa 10%. Bis zu etwa 5% ist es vollkommen frei von Deckschichten und erst darüber neigt es bei höheren Temperaturen zur Oxydation. Hergestellt werden Legierungen von 5 und 10% Ru.

c) Verbundstoffe. Immer größere Bedeutung gewinnen Kontaktwerkstoffe, die aus zwei oder mehr ineinander nicht löslichen Bestandteilen zusammengesetzt sind. Das älteste Beispiel dürften die Bronzekohlen des Metallwerkes Plansee (Reutte, Tirol) sein, ein weiteres das Kontaktmetall Elmet-Silvung. Letzteres besteht aus porös gesintertem Wolfram, das in Stabform mit etwa 40% geschmolzenem Silber getränkt wird. Die meisten Stoffe dieser Art werden aber durch Sinterung hergestellt. In vielen Fällen können so Kontaktstücke verfertigt werden, die keiner Nachbearbeitung bedürfen

. Die Bestandteile bleiben dabei chemisch unverändert. Während die Leitfähigkeit von Metallen durch Legieren stark sinkt, bleibt sie hier erhalten und entspricht einfach ungefähr dem Mengenverhältnisse der Bestandteile. Dies zeigt deutlich ein Vergleich zwischen Bild 2 und Bild 3. — Im folgenden sind die wichtigsten Verbundstoffe aufgeführt.

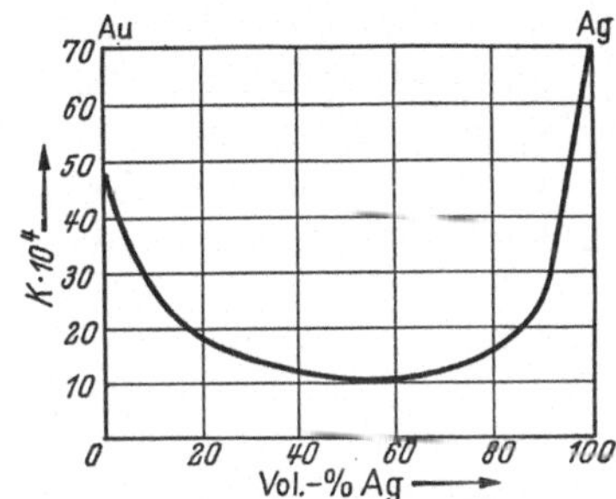

Bild 2. Spezifische Leitfähigkeit von Au/Ag-Mischkristall-Legierungen (nach MEYER)

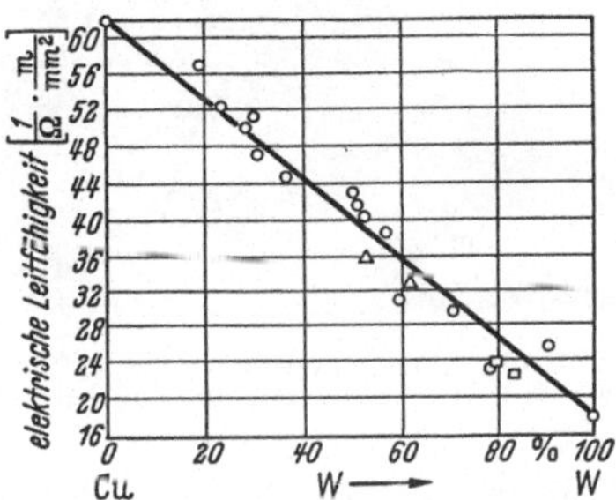

Bild 3. Spezifische Leitfähigkeit von Cu/10-Sinterwerkstoffen (nach MEYER)

Metallkohlen aus Kupfer oder Bronze und graphitierter Kohle werden nur für die Bürsten elektrischer Maschinen benützt und verlangen einen ziemlich hohen Kontaktdruck.

Silbergraphit wird in ähnlicher Weise hergestellt und enthält 10 bis 15% Graphit. Dieser Stoff ist zunächst für feine Schleifkontakte bestimmt und ergibt bei einem Kontaktdrucke von 50 g/cm² einen Übergangswiderstand von unter 0,001 Ohm. — Bei kleinerem Graphitgehalt (2 bis 5%) eignet sich Silbergraphit auch für Abhebekontakte bei schwachen Strömen, wobei der Graphitgehalt die Schweißneigung des Silbers beseitigt.

Dieselbe Wirkung haben für Kontakte mittlerer Leistung Werkstoffe aus *Silber mit Oxyden* (3 bis 10%) von Kadmium, Zink und Blei. Eine Legierung von Silber und Kadmium würde ähnlich wirken, hat aber den Nachteil geringer Leitfähigkeit.

Vielseitig verwendbar sind Verbundstoffe aus *Silber-Nickel* mit einem Nickelgehalt von 20 bis 50%. Sie haben größere Abbrandfestigkeit als reines Silber, geringeren Übergangswiderstand und weniger Neigung zum Schweißen, eignen sich daher für Relais, Zerhacker, Unterbrecher, Schaltschütze und Regler mittlerer Leistung.

Sehr wichtig sind jene Sinterwerkstoffe, wie *Silber-Wolfram*, in welchen W das tragende Skelett bildet und die Härte und Abbrandfestigkeit bewirkt, das Silber dagegen die Leitfähigkeit. (Das oben erwähnte Elmet-

Silvung gehört eigentlich auch dazu.) Ein solches Verbundmetall mit 30 und 60% W (oder auch Molybdän) ist handelsüblich. Bild 4 (aus den Forschungslaboratorien der Fa. Dürrwächter Pforzheim). Leider ist es nicht für alle Anwendungszwecke so günstig als man erwarten möchte.

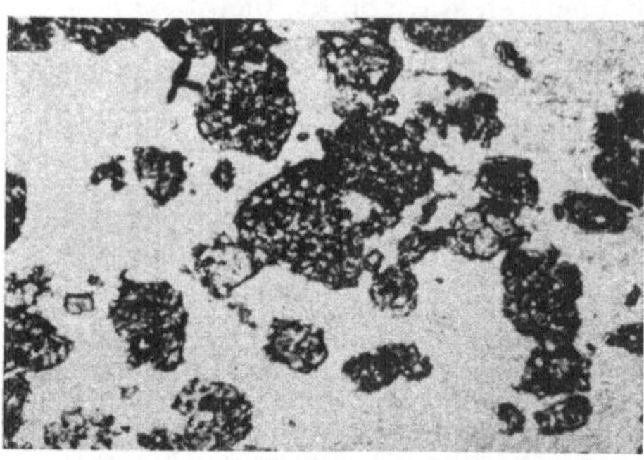

Bild 4. Gefüge eines Sinterwerkstoffes Ag/W 70/30%, V=75, geätzt. Völlig entsprechend bei Cu/W

Wie sich gezeigt hat, bildet sich nämlich in Luft schon knapp unter Glühhitze das glasige Silberwolframat als isolierende Oberflächenschicht. Ebenso bei Molybdän. Für Kontakte, an denen ein Lichtbogen auftritt oder deren Schalter nicht so kräftig arbeitet, daß er die Schicht zerschlägt, ist also Ag-W ungeeignet, aber sonst vielfach an Stelle von Ag-Ni oder Pt verwendbar.

Wolfram legiert sich mit Nickel. Fügt man dem W-Pulver etwa 2% Ni zu und sintert bei einer Hitze oberhalb des Schmelzpunktes von Ni, die aber zum Sintern von W bei weitem nicht genügen würde, so

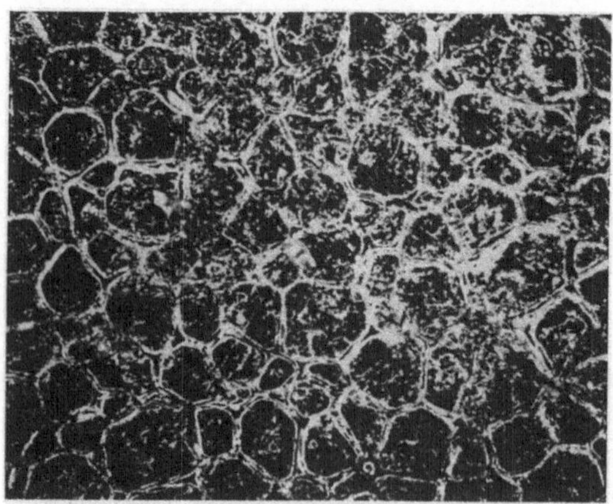

Bild 5. Oberfläche eines Kontaktes aus W/Ni 98/2 %, V=150, ungeschliffen, ungeätzt

verlötet das Ni die W-Teilchen untereinander, und man erhält ein *Wolfram-Nickel*, das fast die Härte und Abbrandfestigkeit des W besitzt, aber im Gegensatze zu letzterem die Herstellung fertiger Kontaktstücke gestattet, die ohne Nachbearbeitung verwendbar sind.

Es sind noch manche andere Zusammensetzungen für Sinterwerkstoffe vorgeschlagen und versucht worden, scheinen aber keine praktische Anwendung gefunden zu haben.

Bezüglich genauerer Angaben über die Eigenschaften und Leistungen der einzelnen Verbundstoffe muß auf die sehr eingehenden Prospekte der Herstellerfirmen verwiesen werden.

Quecksilber als Kontaktstoff. Schon lange ist es bekannt, bei Schiebewiderständen, besonders hochohmigen, den Schleifkontakt durch einen vom Schieber mitgenommenen Quecksilbertropfen zu ersetzen. Neuerdings [29] sind Versuche gemacht worden, den Übergangswiderstand von Druckkontakten durch eine Zwischenschicht von Quecksilber zu vermindern oder fast ganz zu beseitigen. Ja, sogar für Kollektoren soll das in Betracht kommen. Praktische Erfolge scheinen noch nicht vorzuliegen.

Tabelle 1

	Dichte	Spez. Wid. $\frac{\Omega \cdot mm^2}{m}$	Schmelz-punkt ° C	Siede-punkt ° C	Wärmeleit-fähigkeit cal Grad/cm/sec
Aluminium	2,7	0,03	660	1800	0,48
Gold, rein	19,3	0,022	1063	2500	0,70
Graphit	2,25	—	3900	—	0,012
Kohle	1,9	—	3800	—	0,0004
Kupfer	8,9	0,018	1083	2300	0,90
Molybdän	10,2	—	2630	3560	0,35
Osmiridium 1:1 ...	22,5	—	2420	—	—
Platin	21,4	0,105	1770	3800	0,17
Platin-Irid. 10% ..	21,6	0,23	1780	—	—
Platin-Irid. 20% ..	21,7	0,295	1820	—	—
Platin-Osm. 7% ...	21,7	—	1820	—	—
Silber, rein	10,5	0,016	961	1950	1,01
Silber-Pallad. 30%	11	0,154	1205	—	—
Wolfram	19,1	0,059	3400	4800	4,48
Wolframsilber	ca.15	0,025	—	—	—

Die vorstehende Tab. 1 gibt einige Eigenschaften der wichtigsten Schaltstoffe an.

Verwendung der Kontaktstoffe. Für die verschiedenen Anwendungszwecke eignen sich gemäß den vorangegangenen Angaben die Metalle wie folgt:

Für fast leistungslose Schalter: Gold, Platin, Palladium, Silber, Rhodium.

Für lichtbogenfreie Schalter mit geringer Materialwanderung: Platin, Gold, Palladium und gewisse Legierungen.

Für mittlere Leistungen bei auftretendem Lichtbogen: Platin, Wolfram, Silber, Palladium, Kupfer und gewisse Verbundstoffe.

5. Kondensatoren

a) Papierkondensatoren. Als Dielektrikum besitzen sie dünnes Papier (etwa 0,02 mm) besonderer Art, das mit Paraffin oder künstlichen Wachsen getränkt ist. Es müssen daher mindestens zwei Lagen verwendet werden, damit gelegentlich Löcher verdeckt sind. Für die Metallbeläge dient gewöhnlich Aluminiumfolie.

Die ursprünglich sehr hohe Isolation von 10 bis 100 MΩ für 1 μF wird durch langsame Aufnahme von Feuchtigkeit aus der Luft im Laufe der Zeit geringer (Altern). Für Löschzwecke spielt dies an sich keine Rolle. Schlimmer ist, daß die entstandene Leitfähigkeit elektrolytischer Natur (Bildung leitender Brücken zwischen den Belägen) ist, so daß bei dauernd angelegter Gleichspannung ein Kondensator nach längerer Zeit von einem Bruchteil der Spannung zerstört wird, die er im neuen Zustande vertragen hat.

Ganz anders ist die Beanspruchung bei Wechselstrom. Hier erwärmt sich der Kondensator durch seine dielektrischen Verluste, die keineswegs als Leitfähigkeit merkbar sind, bei höheren Spannungen auch durch Glimmen, und verliert dadurch an Durchschlagsfestigkeit.

Bei der Hintereinanderschaltung von Kondensatoren ist zu beachten, daß sie zwar für Wechselstrom anwendbar ist, weil sich da die Spannung entsprechend den kapazitiven Leitwerten verteilt. Bei Gleichstrom hingegen sind für die Verteilung der Spannung nicht die kapazitiven, sondern die ganz ungewissen Isolationswiderstände maßgebend, so daß es leicht geschehen kann, daß einer der Kondensatoren fast die ganze Spannung auszuhalten hat.

Bei den gewöhnlichen Papierkondensatoren erfolgt die Stromzuführung an *einer* Stelle des Wickels. Die dünnen Aluminiumstreifen haben aber bei ihrer großen Länge einen merklichen Widerstand, der bei hohen Frequenzen gegenüber dem dann kleinen kapazitiven Widerstande in Erscheinung tritt. Auch die Selbstinduktion ist nicht ganz zu vernachlässigen. Für solche Zwecke werden „induktionsfreie" Papierkondensatoren hergestellt, bei denen die Metallbeläge in der ganzen Länge des Wickels nach beiden Seiten herausgeführt sind.

Ein käuflicher Papierkondensator von 1 μF mit einer Prüfspannung von 1500 V ist in ein Blechgehäuse von etwa 30 cm³ eingebaut, wovon nur die Hälfte auf das Dielektrikum kommen dürfte. Bei voller Ladung beträgt die aufgespeicherte Arbeit

$$\tfrac{1}{2} \cdot C U^2 = 1 \ \text{Wsek} = 0{,}1 \ \text{kgm} \ ,$$

ebenso viel als ob das Gehäuse mit Luft von 6 Atm. Druck gefüllt wäre.

b) Glimmerkondensatoren. Sie werden meist aus ebenen Glimmerplatten mit Belägen aus Aluminium oder Kupfer gelegt, seltener gerollt. Die Durchschlagsfestigkeit von Glimmer ist sehr hoch, etwa 60 000 V/mm; doch geht man zweckmäßig nicht über 0,1 mm Stärke. Die fertigen Blöcke werden durch eine Fassung zusammengepreßt und für Beanspruchung mit hoher Spannung zur Verminderung des Glimmens der unvermeidlichen Luftzwischenräume oft noch mit Paraffin od. dgl. getränkt.

Glimmerkondensatoren sind bezüglich Isolationswiderstand, Unveränderlichkeit und geringer Dämpfung auch bei hohen Frequenzen den

Papierkondensatoren bei weitem überlegen, erfordern aber für kleine Spannungen mehr Raum und sind viel teurer.

c) Trolitulkondensatoren. Die starke Dämpfung der Papierkondensatoren macht sie für hohe Frequenzen, insbesondere die Löschschaltung nach Bild 52, wenig geeignet. Praktisch dämpfungsfrei, sonst wie Papierkondensatoren aufgebaut, sind solche aus Trolitulfolie. Sie sind daher auch für hohe Frequenzen brauchbar, haben bei gleicher Kapazität ein etwas kleineres Volumen, sind freilich etwas teurer.

d) Elektrolytkondensatoren bestehen im wesentlichen aus zwei Aluminiumelektroden in einer leitenden Flüssigkeit. Das eigentliche Dielektrikum bildet eine die positive Elektrode bedeckende Oxydschicht, die äußerst dünn ist und daher große Kapazität besitzt. Sie läßt aber ein wenig Reststrom durch; in der anderen Stromrichtung isoliert sie überhaupt nicht. Diese Kondensatoren sind nur in beschränkter Weise als solche zu gebrauchen, keinesfalls in Schwingungskreisen. Hingegen müßten sie für Funkenlöschschaltungen mit Dämpfung durchaus geeignet sein, scheinen aber dafür nirgends benutzt zu werden.

Es gibt zweierlei solcher Kondensatoren: 1. mit flüssigen Elektrolyten, gewöhnlich in Form zylindrischer Gefäße von etwa 80 cm³ Inhalt, Kapazität 8 μF, Arbeitsspannung etwa 500 V. Überschlag durch kurze Stöße höherer Spannung schadet ihnen nicht; 2. „trockene" mit feuchten Elektrolyten. Sie sind ähnlich wie Papierkondensatoren gewickelt und werden schon für Spannungen von 10 V an hergestellt, haben dann eine viel größere Kapazität bezogen auf das Volumen.

6. Ohmkreise

Unter einem Ohmkreise soll ein Leiterkreis verstanden werden, der nur unveränderliche Ohmsche Widerstände enthält. Die Selbstinduktion kleiner Dynamos und Gleichrichter als Stromquelle sowie die von Schiebewiderständen ohne Kreuzwicklung (besonders solcher auf Eisenrohr) und von elektromagnetischen Meßgeräten ist nicht zu vernachlässigen.

7. Veränderliche Widerstände

Als solche kommen insbesondere die *Metallfaden-Glühlampen* in Betracht. Ihr Widerstand ist im kalten Zustande 12- bis 15 mal kleiner als beim Brennen mit voller Spannung. Bild 6 zeigt die gegenseitige Abhängigkeit von Spannung, Strom und Widerstand einer Wendeldrahtlampe für 220 V und 40 W.

Beim Einschalten solcher Lampen tritt daher ein sehr hoher Stromstoß auf, der zwar nur Bruchteile einer Sekunde dauert, aber Schweißen der Schaltstücke (s. S. 81) und Ansprechen der Sicherungen verursachen kann. Wird die obige Lampe, die mit etwa 0,2 A brennt, sofort nach dem

Einschalten wieder ausgeschaltet, so erhält man bei Gleichstrom einen Lichtbogen von etwa 2 A, der freilich schon infolge der schnellen Widerstandszunahme der Lampe sofort wieder erlischt.

Auch die *Eisenwasserstoff-Widerstände*, die dazu dienen, innerhalb gewisser Spannungsgrenzen einen Strom auf gleicher Höhe zu halten, sowie die Heizwicklungen aus Wolfram von Elektronenröhren und Widerstandsöfen geben einen starken Stromstoß beim Einschalten. Zur Beseitigung desselben werden in der Funktechnik *Urdox-Widerstände* vorgeschaltet, die die entgegengesetzte Eigenschaft haben, aber einige Zeit zum Anwärmen brauchen.

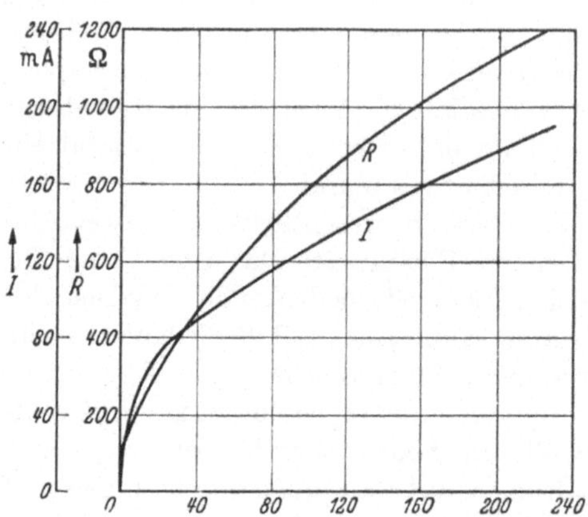

Bild 6. Strom I und Widerstand R einer Metallfadenlampe als Funktion der Spannung

Kohlenfadenlampen weisen bei voller Spannung ungefähr ein Drittel des Kaltwiderstandes auf.

8. Elektromagnete

Der Widerstand einer Kupferdrahtwicklung beliebiger Form beträgt mit grober Annäherung

$$R = \frac{2,2}{10^6} \cdot \frac{V}{d^4}\, \Omega\,,$$

wobei V das von der Wicklung ausgefüllte Volumen in cm³ und d (Bild 7) den mittleren Drahtdurchmesser in cm bedeutet.

Für einen geblätterten Elektromagnet mit Anker nach Bild 8 oder eine Drosselspule mit Luftspalt berechnet sich unter der meist zutreffenden Annahme, daß der magnetische Widerstand des Eisens gegenüber dem der Luft vernachlässigt werden kann, die Selbstinduktion nach der einfachen Formel

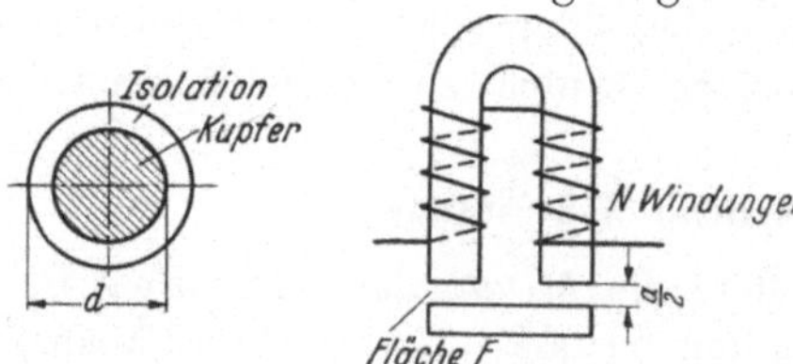

Bild 7. Isolierter Kupferdraht

Bild 8. Elektromagnet mit Anker

$$L = \frac{4\pi \cdot N^2 \cdot F}{10^9 \cdot a}\ \text{Henry}\,.$$

9. Hochfrequenzspulen[1]

Für Spulen aus wenigen nahe aneinander liegenden Windungen (r = Halbmesser, N = Windungszahl) kann man mit sehr grober Annäherung setzen:

$$L = \frac{3\, r\, N^2}{10^8}\ \text{Henry.}$$

10. Schwingungskreise

Die Eigenschwingungsdauer eines Kreises nach Bild 9 ist

$$T_k = 2\,\pi\,\sqrt{C \cdot L}\,, \tag{1}$$

und seine Eigenfrequenz

$$f = \frac{1}{T_k}\,.$$

Die Dämpfung des Kreises, welche die in ihm vorhandenen Widerstände R bewirken, wird ausgedrückt durch das logarithmische Dekrement $\mathfrak{d}$, das angibt, um welchen Bruchteil die Amplitude des Stromes oder der Spannung in der Zeit T_k abnimmt.

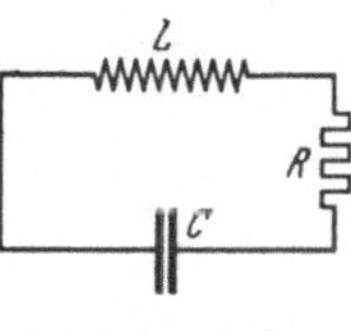

Bild 9.
Schwingungskreis

$$\mathfrak{d} = \pi \cdot R \cdot \sqrt{\frac{C}{L}}\,. \tag{2}$$

Die Schwingung verläuft aperiodisch, d. h. es kommt nicht mehr zu einer Amplitude verkehrten Vorzeichens, wenn das nach (2) berechnete $\mathfrak{d} > 2\,\pi$.

11. Gleichwertige Schaltvorgänge

Wenn man die Vorgänge an einem Schalter in einem Kreis nach Bild 11 mit der Spannung U_1 untersuchen will und diese gewünschte Spannung

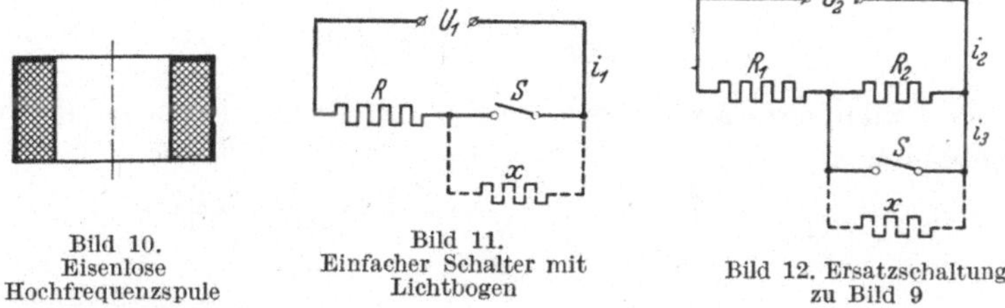

Bild 10.
Eisenlose
Hochfrequenzspule

Bild 11.
Einfacher Schalter mit
Lichtbogen

Bild 12. Ersatzschaltung
zu Bild 9

---

[1] Eine bequeme und recht genaue Formel, die für die Selbstinduktion aller Spulen üblicher Proportionen paßt, hat Verfasser in der „Funktechnik" 1947, H. 9 entwickelt.

$$L_{\text{cm}} = 1{,}25\,\frac{A^2}{\sqrt{0}}$$

Darin bedeutet A die Drahtlänge in cm und 0 in cm² die einseitige Oberfläche der Spule, in Bild 10 durch verdickte Linien angedeutet. Der Fehler beträgt bei den üblichen Spulenformen kaum einige %. Die Formel erlaubt die bequeme Vorausberechnung einer Spule.

nicht zur Verfügung steht, kann man von einer höheren Spannung U_2 ausgehen und die in Bild 12 dargestellte Abzweigschaltung benutzen. Ist es möglich, damit den Unterbrechungsvorgang am Schalter nach Bild 11 genau nachzuahmen, und wie müssen dann die Widerstände R_1 und R_2 gewählt werden?

Der veränderliche Übergangs- oder Lichtbogenwiderstand am Schalter ist durch x angedeutet. Es soll für jeden beliebigen Zustand am Schalter, also beliebiges x, in beiden Fällen derselbe Strom durch H fließen. Somit

$$i_3 = i_1 . \tag{3}$$

Dabei ist

$$i_1 = U_1 \cdot \frac{1}{R + x} , \tag{4}$$

$$i_3 = i_2 \cdot \frac{R_2}{R_2 + x} = U_2 \cdot \frac{1}{R_1 + \dfrac{R_2 \cdot x}{R_2 + x}} \cdot \frac{R_2}{R_2 + x} = U_2 \cdot \frac{1}{R_1 + \dfrac{R_1 + R_2}{R_2} \cdot x} . \tag{5}$$

Diese Gleichungen müssen auch für die Grenzwerte $x = 0$ (geschlossener Schalter) und $x = \infty$ (offener Schalter mit fast erloschenem Bogen) gelten. Es wird

$$\text{für } x = 0: \qquad I_1 = U_1 \cdot \frac{1}{R} = I_3 = U_2 \cdot \frac{1}{R_1} , \tag{6}$$

$$\text{für } x = \infty: \qquad i_1 = U_1 \cdot \frac{1}{x} = i_3 = U_2 \cdot \frac{R_2}{(R_1 + R_2) \cdot x} . \tag{7}$$

Aus Gl. (6) folgt

$$U_2 = \frac{R_1}{R} \cdot U_1 \tag{8}$$

und aus Gl. (7) und (8)

$$\frac{R_1 + R_2}{R_2} = \frac{U_2}{U_1} = \frac{R_1}{R} . \tag{9}$$

Setzt man, sozusagen versuchsweise, Gl. (8) und (9) in Gl. (5) ein, so ergibt sich

$$i_3 = \frac{R_1}{R} \cdot U_1 \cdot \frac{1}{R_1 + \dfrac{R_1}{R} \cdot x} = U_1 \cdot \frac{1}{R + x} = i_1 . \tag{10}$$

Es ist also für jeden beliebigen Übergangswiderstand x am Schalter $i_3 = i_1$, sofern die aus Gl. (9) abzuleitenden Bedingungen

$$R_1 = \frac{U_2}{U_1} \cdot R \tag{11}$$

und

$$R_2 = \frac{U_2}{U_2 - U_1} \cdot R \tag{12}$$

erfüllt sind.

Daher entsteht auch am Schalter in beiden Fällen jederzeit die gleiche Spannung $i_1 \cdot x = i_3 \cdot x$. Insbesondere beträgt sie in Bild 12 bei offenem Schalter

$$U_u = U_2 \cdot \frac{R_2}{R_1 + R_2} = U_1 \tag{13}$$

Umgekehrt lassen sich alle anderen Gleichungen ableiten, wenn man

$$I_3 = I_1 \tag{6}$$

und

$$U_u = U_1 \tag{13}$$

als gegeben annimmt. Daraus ergibt sich der wichtige Satz:

Die Vorgänge an einem gegebenen Schalter gegebener Schaltgeschwindig- keit hängen nur davon ab, wie groß der Strom bei geschlossenem und die Spannung bei offenem Schalter ist.

Dieser Satz gilt, mit Vorsicht benutzt, auch für andere Schaltungen, wenn sie sich während des Unter- brechungsvorganges als Ohm- kreise betrachten lassen, nicht aber für beliebige Schaltungen.

Das in beiden obigen Fällen gleiche Produkt $i_1 \cdot U_1$ heißt *Schaltleistung* und ist ein Maß für die Beanspruchung des Schalters.

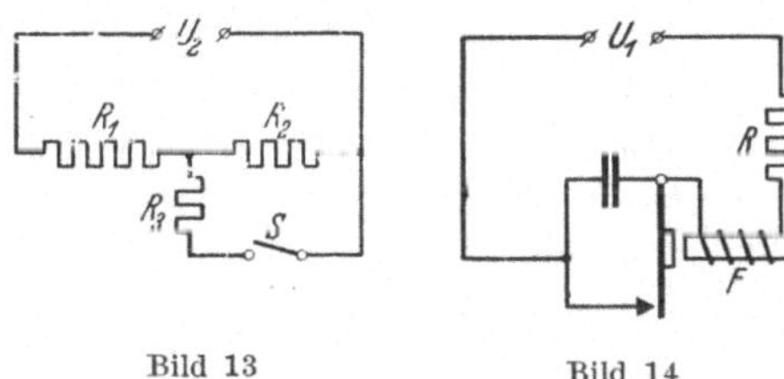

Bild 13   Bild 14

Die Schaltung nach Bild 12 ist nicht die einzige, um jene nach Bild 9 nachzuahmen. Man kann auch nach Bild 13 R_1 und R_2 verhältnismäßig kleiner wählen, als es die Gl. (11) und (12) verlangen, und dafür vor den

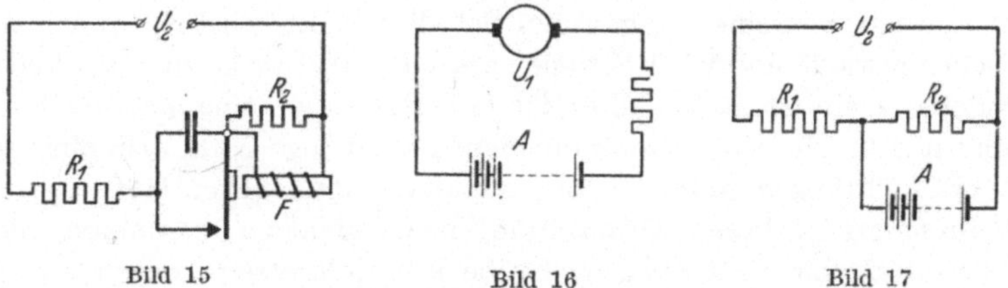

Bild 15   Bild 16   Bild 17

Schalter einen Widerstand R_3 legen, der den Strom auf den Wert i_1 bringt. Der Leistungsverbrauch ist aber dann größer.

Beispiele. a) Ein mit Selbstunterbrecher versehener Funkeninduktor von beliebiger Selbstinduktion und vernachlässigbarem inneren Wider- stande sei (Bild 14) mit einem Vorschaltwiderstande $R = 2\,\Omega$ zum Be- trieb an einem Akkumulator von $U_1 = 2\,\mathrm{V}$ geeignet. Er soll an eine Batterie von $U_2 = 6\,\mathrm{V}$ gelegt werden (Bild 15). Aus obigen Gleichungen ergibt sich: $R_1 = 6\,\Omega$, $R_2 = 1,5\,\Omega$. Es sei eigens bemerkt, daß die

Rechnung zutrifft, obwohl bei laufendem Unterbrecher die Stromstärke nie auf den vollen Wert steigt. Soll auch noch der innere Widerstand des Induktors berücksichtigt werden, so wird die Rechnung etwas umständlicher.

b) Eine Akkumulatorenbatterie A (Bild 16) von vernachlässigbarem inneren Widerstande werde normalerweise mit einem Vorschaltwider-

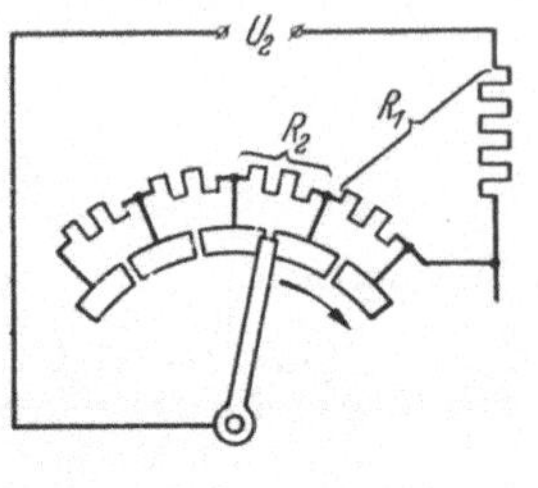

Bild 18.

stand $R = 6\,\Omega$ an einer Dynamo U_1 von 30 V aufgeladen. Letztere soll durch ein Netz U_2 von 220 V ersetzt werden (Bild 17). Berechnet man die Widerstände R_1 und R_2 nach obigen Gleichungen ($R_1 = 44\,\Omega$, $R_2 = 6{,}9\,\Omega$), so erhält man für jeden Ladezustand der Batterie dieselbe Ladestromstärke wie nach Bild 16.

Umgekehrt kommt es häufig vor, daß die Schaltung nach Bild 12 vorliegt, z. B. bei Stromreglern nach Bild 18. Will man wissen, welche Unterbrechungserscheinungen auftreten, wenn der Schalthebel bei der Bewegung nach *rechts* den Kurzschluß des Widerstandes R_2 aufhebt, so braucht man nur den Strom bei geschlossener und die Spannung bei offener Unterbrechugsstelle zu bestimmen, und erhält den übersichtlichen Fall von Bild 11.

Das Ausschalten von Gleichstrom

A. Ohmkreis

1. Der Grenzstrom i_u

Wenn man mit einem gegebenen Schalter in Luft bei Spannungen U zwischen etwa 25 und 250 V Ströme verschiedener Stärke zu unterbrechen versucht, so findet man, daß es für jede Spannung eine gewisse Stromstärke i_u gibt, die sich bereits mit dem Schaltwege Null, also ohne daß sich ein Lichtbogen endlicher Länge bildet, unterbrechen läßt.

Sehr scharf ist dieser „Grenzstrom" meist nicht zu bestimmen, einerseits weil er eine veränderliche Größe ist, andererseits wegen der Unsicherheit der Beobachtung.

Die Höhe des Grenzstromes hängt ab:

1. Vom Schaltstoff. Geringe Beimischungen oder Verunreinigungen können erheblichen Einfluß nach oben oder unten haben.

2. Von der Temperatur. Die Abhängigkeit ist im Bereiche der Zimmertemperatur unmerklich, darüber hinaus aber sinkt der Grenzstrom um so stärker, je mehr man sich der Glühhitze nähert. Es kommt natürlich nicht auf die Temperatur der ganzen Schaltstücke an, sondern auf die

der Berührungsstelle, die sich schon vor der Unterbrechung durch den Übergangswiderstand erwärmen kann. Zahlenmäßige Angaben über die Temperaturabhängigkeit fehlen.

3. Von der Form der Oberfläche. Wenn es ausgesprochen scharfe Kanten sind, die sich leicht erhitzen, wird er etwas niedriger, zwischen fast flachen, großen Schaltstücken kann er etwas höher werden, als in der folgenden Tab. 2 angegeben.

4. Von der Beschaffenheit der Oberfläche. Eine Oxydschicht, von der Luft oder von früheren Lichtbogen herrührend, erhöht die Temperatur der Berührungsstelle wegen des Übergangswiderstandes und erleichtert den Lichtbogen durch ihre höhere Emissionsfähigkeit. Im gleichen Sinne wirken pulvrige Schichten des Schaltstoffes, wie sie infolge Zerstäubung durch den Lichtbogen auf Platin, Silber und Kohle entstehen. Frisch polierte Oberflächen geben daher bei den meisten Metallen einen höheren Grenzstrom.

5. Von der Feuchtigkeit der Luft, vielleicht weil die Kühlung durch den Wasserstoff lichtbogenlöschend wirkt. Nach mündlicher Mitteilung von R. HOLM ist i_u von der relativen (nicht absoluten) Feuchtigkeit abhängig. Für Silber ergab sich bei 220 V die Kennlinie nach Bild 19, also ein Minimum für 30% Feuchtigkeit. (Vgl. dagegen S. 87.)

Unsicher ist die Beobachtung des kurzen Unterbrechungslichtbogens insbesondere bei den unedlen Metallen, weil sie leicht glühende Oxydbrücken bilden. Bei den edlen Metallen beträgt der mögliche Fehler nur etwa ± 10%.

In der Tab. 2 sind die Grenzströme i_u für eine Reihe von Schaltstoffen und einige Spannungen angegeben. Sie sind fast durch-

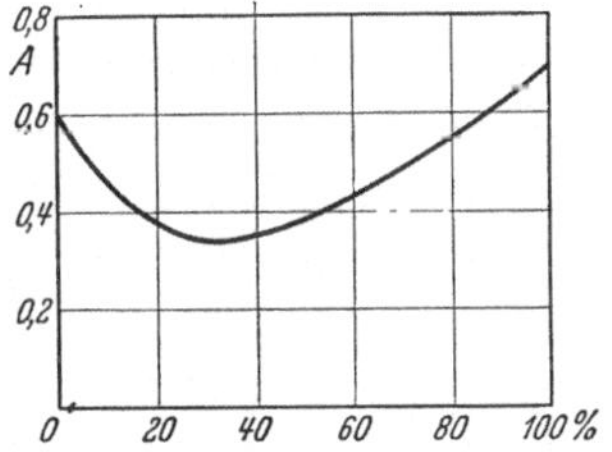

Bild 19. Abhängigkeit des Grenzstromes von der relativen Feuchtigkeit der Luft nach R. HOLM

weg mit Schaltstücken von 4 mm Durchmesser aufgenommen, wie sie auf S. 2 beschrieben sind. Um praktisch brauchbare Werte zu erhalten, wurden nicht frisch polierte Oberflächen benutzt, sondern solche, die durch vorhergegangene Lichtbogen angegriffen, aber wieder abgekühlt waren. Die Zahlen sind also Mindestwerte.

Die Unterbrechung nahe unterhalb des Grenzstroms geschieht keineswegs funkenlos, auch wenn Selbstinduktion möglichst vermieden ist. Bei den Metallen mit hohen Grenzstromstärken tritt sogar bei nicht zu schwachen Strömen eine explosionsartige Entladung auf, die als zackiger Funken mehrere Millimeter weit von der Berührungsstelle auf die Kathode hinausschlagen und um die Ränder kleinerer Schaltstücke herumgreifen kann. Wahrscheinlich bewirkt gerade diese Explosion die Löschung des Lichtbogens nach Art der Druckgasschalter. Wenn eine solche Zacke z. B. auf Messing trifft, dessen Grenzstrom viel niedriger ist, zündet sie

Tabelle 2. *Grenzstrom i_u in* A.

Schaltstoff V =	24 V	50 V	110 V	220 V
Eisen	—	1,1[1]	1,4[1]	0,3[1]
Gold 1000 t	>16	1,5	0,6	0,4
Gold 585 t	13	1,4	0,75	0,5
Graphit, Kohle	—	>5	0,7	0,1
Kupfer, angelaufen	—	3[1]	1,3[1]	0,5
Messing	—	0,7[1]	0,4	0,3
Molybdän	>18	2,8	2,0	1,0
Neusilber	0,75	0,5[1]	0,35[1]	0,25
Nickel	—	1,2[1]	1[1]	0,7[1]
Osmiridium	>15	>5	—	>4
Platin	7,5[2]	>3	0,85	0,7
Platin-Iridium 10%	>20	>5	>5	>4
Platin-Iridium 20%	>20	—	—	—
Platin-Osmium 7 %	>20	>5	>5	2,5
Silber 100%	1,7	1,0	0,6	0,45
Silber-Palladium 30%	3,3	1,4	0,6	0,45
Silber-Palladium 50%	8,5	2	0,65	0,5
Wolfram	12,5	4	1,8	1,4
Zink	0,4	0,2	0,12	0,09
Zinn	—	1,1[2]	0,6	0,3

da einen Lichtbogenfußpunkt und damit einen dauernden Lichtbogen. (Bei den für die Versuche zur Verfügung gestandenen Schaltstücken aus Platinlegierungen war die Edelmetallauflage nur 2 mm stark, so daß wegen des Überschlagens die volle Höhe des Grenzstromes nicht bestimmt werden konnte.)

Bei solchen Schaltstoffen mit hohem Grenzstrom gibt es eine zweite bei etwa 0,5 A liegende Grenze, unterhalb derer die Unterbrechung ohne die beschriebene Explosion, also in Form eines sanften Fünkchens, erfolgt. Man darf annehmen, daß unterhalb dieser Grenze die Abnutzung der Schaltstücke wesentlich geringer ist als oberhalb derselben.

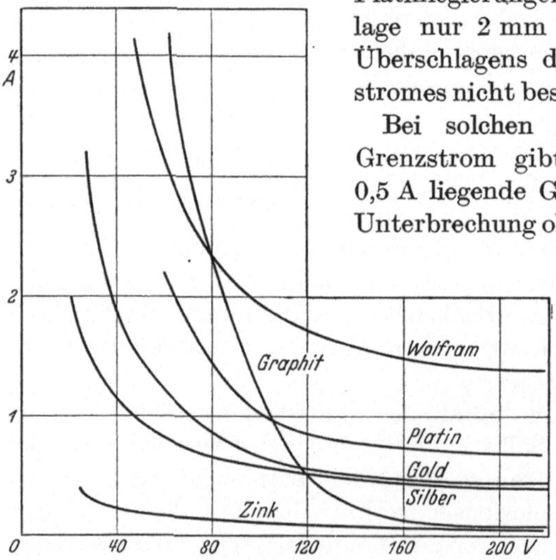

In Bild 20 sind für einige Schaltstoffe die Grenzstromkennlinien, in Abhängigkeit von der Spannung, wie sie sich aus obigen und anderen Messungen ergeben,

Bild 20. Grenzströme einiger Schaltstoffe in Abhängigkeit von der Spannung

---

[1] Ungenau wegen Oxydbildung. — [2] Schweißt.

dargestellt. Sie haben ungefähr die Form von Hyperbeln. Die Asymptoten derselben werden später behandelt werden.

Die Kennlinie für Kupfer ist nicht aufgeführt, weil sie zu sehr vom Oxydationszustande abhängt; die von reinem Kupfer gleicht ungefähr der von Platin.

Auffällig ist, um wieviel steiler die Kennlinie für Graphit (und die ihr gleichende von Kohle) gegenüber der der Metalle verläuft; diese Eigenschaft der Kohle, bei niedrigen Spannungen hohe Ströme unterbrechen zu können, bedingt ihre Eignung für Kollektorbürsten.

Von welchen Eigenschaften eines Schaltstoffs die Höhe des Grenzstroms abhängig ist, läßt sich kaum sagen. Genaue Untersuchungen darüber wären zu wünschen, fehlen aber vorläufig. Die Theorie der Gasentladungen hat sich damit noch nicht befaßt. Es scheint, als ob die Höhe des Schmelz- oder Siedepunktes in erster Linie maßgebend sei, vielleicht mittelbar auch die Härte, indem sie wie die Austrittsarbeit der Elektronen vom Kristallgefüge abhängt. Letzteres läßt z. B. die Wirkung eines verhältnismäßig geringen Iridiumzusatzes bei Platin vermuten. Möglicherweise hängt der Grenzstrom bei niedriger Spannung von anderen Eigenschaften ab als bei hoher Spannung.

Bei Silber und seinen Legierungen zeigt sich folgende merkwürdige Erscheinung: Wenn man, vom Grenzstrom ausgehend, einen Schalter mit immer stärkerem Strom betreibt, läßt sich der Grenzstrom nach und nach bis auf etwa das Doppelte steigern. Es findet also eine Art Formierung statt. Man erhält aber sofort wieder einen Lichtbogen, wenn man die Stromrichtung umkehrt [17]. Formiert wird dabei die Kathode. [23] hat über diese Erscheinung nähere Untersuchungen angestellt, ist aber zu keinem endgültigen Ergebnisse gelangt. Er vermutet, daß oberflächliche Oxydation des Silbers die Formierung bewirkt, was Verfasser deswegen für unwahrscheinlich hält, weil der Lichtbogen auf die Kathode in der Regel reduzierend wirkt.

Durch Verwendung ungleicher Stoffe für die beiden Kontakte und Umkehren der Stromrichtung läßt sich feststellen, welcher Pol für den Grenzstrom maßgebend ist. Zum Beispiel ergaben bei 220 V:

Kupfer	+, Zink	— 0,13 A,	ungefähr wie	Zink,
,,	—, ,,	+ 0,5 A,	,,	,, Kupfer,
Wolfram	+, Silber	— 0,8 A,	,,	,, Wolfram,
,,	—, ,,	+ 0,4 A,	,,	,, Silber,
,,	+, Graphit	— 0,12 A,	,,	,, Graphit,
,,	—, ,,	+ 0,8 A,	,,	,, Wolfram.

Offenbar ist es also die Kathode. Genaue Zahlen sind nicht zu erwarten, da unvermeidlicherweise bei der Berührung Teilchen des einen Kontaktes auf dem anderen hängenbleiben, wenn nicht sogar spurenweise eine Legierung stattfindet.

Bildet man aus den Werten der Grenzstromkennlinien nach Bild 20 und den zu ihnen gehörigen Spannungen das Produkt, so erhält man

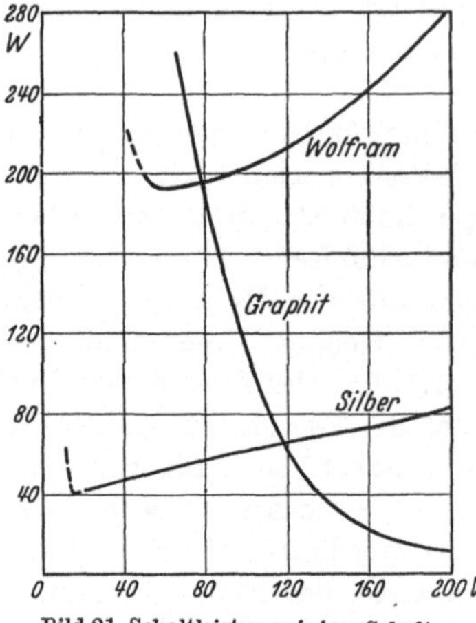

Bild 21. Schaltleistung einiger Schaltstoffe beim Grenzstrom in Abhängigkeit von der Spannung

jene Leistung, welche sich bei der betreffenden Spannung noch gerade lichtbogenfrei abschalten läßt. Bild 21 zeigt für drei Schaltstoffe diese Wattkennlinien. Das unterschiedliche Verhalten von Kohlenstoff und den Metallen kommt hier besonders deutlich zum Ausdruck.

Wenngleich der Grenzstrom i_u sich nicht als genaue Naturkonstante ansprechen läßt, beruht doch in vielen Fällen die Möglichkeit, mit kleinstem Hube auszuschalten darauf, daß im wirklichen Augenblicke der Unterbrechung, der bei metallischen Schaltstücken sehr kurz sein kann, der Grenzstrom nicht überschritten wird.

2. Die Lichtbogenmindestspannung U_b

Wie aus Bild 20 zu ersehen, nähert sich jede Grenzstromkennlinie asymptotisch einem Mindestwert, der die Bedeutung hat, daß unterhalb desselben ein Strom beliebiger Stärke lichtbogenfrei unterbrochen werden kann, daß also der kürzeste Schaltweg zur Unterbrechung genügt. Diese Lichtbogenmindestspannung werde mit U_b bezeichnet. Sie liegt für alle metallischen Schaltstoffe in angenähert der gleichen Höhe von 12 bis 15 V.

Ihre Bestimmung kann auf zwei Wegen vorgenommen werden, die, was nicht ganz selbstverständlich ist, zum gleichen Ergebnisse führen.

a) Man zieht bei beliebig höherer Spannung der Stromquelle und nicht zu schwachem Strome (etwa 10 A) am Schalter einen Lichtbogen sehr geringer Länge, nähert dann die Kontaktstücke wieder einander und bestimmt mit einem Voltmeter (besser mit einem Oszillografen), die kleinste Spannung am Lichtbogen, die vor der Berührung der Elektroden auftritt. Es zeigt sich, daß sie mit zunehmender Stromstärke etwa von 2 bis 50 A) nur wenig sinkt und sich einer Grenze U_b nähert.

b) Man ändert die Spannung der Stromquelle, bis man jene Spannung U_b trifft, bei welcher sich gerade kein Lichtbogen mehr ziehen läßt. Dabei muß man aber recht hohe Stromstärken anwenden, um sich dem ersten niedrigeren Werte zu nähern.

Die Genauigkeit beider Messungen leidet dadurch, daß die Spannung eines Lichtbogens mit seiner Länge gerade zu Anfang des Ziehens am schnellsten steigt, weil da die Fläche der Schaltstücke noch kühlend und entionisierend auf den Bogen wirkt. Daß es wirklich eine unterste Grenze der Lichtbogenspannung gibt, die auch für beliebig starke Ströme gilt, ist durch diese Versuche nicht mit Sicherheit nachzuweisen, weil dann infolge der unvermeidlichen Selbstinduktionen und des Übergangswiderstandes immer ein starkes Öffnungsfeuer auftritt, das von einem Lichtbogen nicht zu unterscheiden ist.

Von der Sauberkeit und Glätte der Schaltstücke sowie von ihrer Form ist die Spannung U_b fast gar nicht abhängig. Bei Kohle und Graphit liegen die nach a und b gemessenen Werte besonders weit auseinander, was mit der Form ihrer Grenzstromkennlinie zusammenhängt.

In Tab. 3 sind die niedrigsten gemessenen Werte von U_b für einige Schaltstoffe angegeben. Die Genauigkeit beträgt ± 1 V.

Tabelle 3. *Lichtbogenmindestspannung U_b.*

Schaltstoff	U_b V	Schaltstoff	U_b V
Zink	11	Gold	15
Kupfer	12,5	Messing, Neusilber	15
Silber, fein	12	Platin	16
Silber-Palladium 30% ..	13	Wolfram	16
Eisen	12—15	Kohle, Graphit	18—22

Die Messungen von (*14*) stimmen damit gut überein. Er gibt außerdem noch an für

Tellur	Blei	Cadmium	Magnesium	Aluminium
3	9,1	9,8	12,5	18,3 Volt

Hingegen findet [*16*] wesentlich niedrigere Werte.

Die Spannung U_b ist vom Schaltstoffe beider Pole abhängig. Wählt man statt eines Metalles Kohle als Anode, so wird sie um einige Volt höher. Sie ist ferner bei einem frisch gezogenen Bogen merklich höher als nachdem er sich „eingebrannt" hat. An großen elektrischen Maschinen darf die Spannung zwischen zwei benachbarten Kollektorsegmenten die Größe U_b nicht viel überschreiten, da sonst Rundfeuer entstehen kann; sie darf daher bei Kohlenbürsten etwas höher gewählt werden als bei Kupferbürsten.

Legt man mehrere Schalter in Reihe und öffnet sie gleichzeitig oder (weniger günstig) nacheinander, so kann man damit sehr starke Ströme mit kleinstem Schaltwege unterbrechen, vorausgesetzt, daß die Netzspannung nicht mehr als das entsprechende Vielfache von U_b beträgt. Dieser Vorschlag ist bereits 1893 von E. Thomson gemacht worden, der allerdings „einige 40 V" je Schaltstelle angab, was bei Kupfer nur für wenige Ampere genügt.

3. Der Lichtbogen

Öffnet man einen Schalter, durch den ein Strom I größer als der Grenzstrom i_u fließt, ein wenig, so entsteht zwischen den Schaltstücken ein Lichtbogen; zugleich sinkt der Strom plötzlich von I auf einen niedrigeren Wert I_b. Er berechnet sich daraus, daß die treibende Spannung U sich um die Bogenspannung U_b vermindert hat, zu

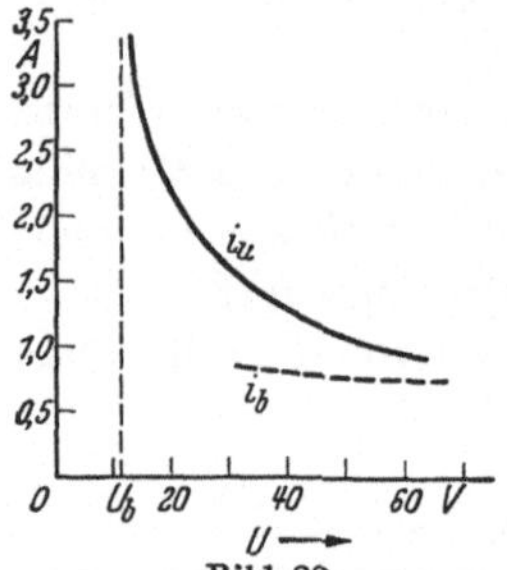

$$I_b = I \cdot \frac{U - U_b}{U}.$$

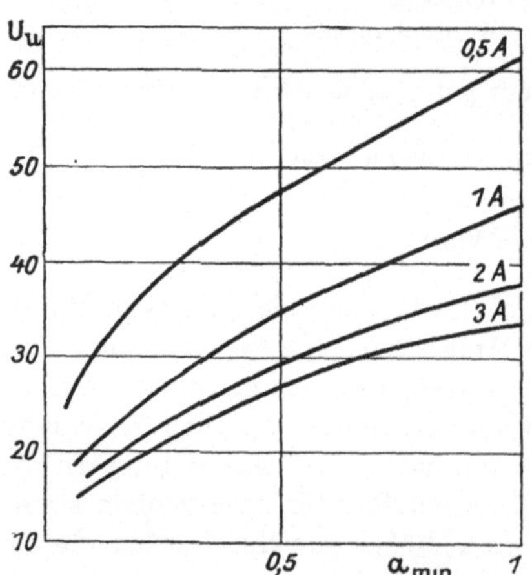

Bild 22.
Strom im Silberlichtbogen
als Funktion der Spannung

Daraus erhält man auch jenen Strom i_b, der bei der Spannung U im Schalterbogen fließt, wenn I ganz wenig i_u überschritten hat. Seine Kennlinie ist in Bild 22 für Silber unter der Grenzstromkennlinie *strichpunktiert* eingezeichnet. Sie liegt für niedrige Spannungen ungefähr bei 0,8 A und dürfte für $U = U_b$, wo die obige Gleichung einen unbestimmten Wert liefert, nicht viel höher liegen. Für höhere Spannungen nähert sie sich der Kennlinie von i_u.

Wenn der mit einer beliebig hohen Netzspannung U betriebene Schalter einen Lichtbogen zieht, entsteht an ihm eine Spannung U_u, die höher als U_b ist und von der Bogenlänge a, der Stromstärke i, dem Stoffe und der Form der Schaltstücke, auch von dem Gase, in dem der Bogen brennt, abhängt. Für einen Silberschalter in Luft gibt Bild 23 die Werte von U_u an. Sie sind nicht sehr genau und liegen z. B. für einen ganz frischen Lichtbogen merklich höher. Die Kennlinien laufen für $a = 0$ auf $U_u = U_b = 12$ V zu.

Dem Praktiker nützen diese Zahlen wenig; er möchte lieber Kennlinien jener Abstände haben, bei denen für eine gegebene Netzspannung und Stromstärke der Bogen abreißt, also Unter-

Bild 23. Spannung am Silberschalter als
Funktion von Strom und Bogenlänge

brechung eintritt. Darüber fehlen Zahlen; denn es ist nicht möglich, die Abreißlänge mit einiger Genauigkeit anzugeben, weil sie von vielen Umständen abhängt, u. a. sehr von der Schaltgeschwindigkeit, und weil sie schon durch eine geringe Selbstinduktion stark erhöht wird. Sie beträgt z. B. beim raschen Unterbrechen eines Ohmkreises mit einem

Silberschalter für 220 V und 1,5 A über 5 mm, bei langsamem Schalten, wobei sich die Schaltstücke erhitzen, weit mehr.

Für lange Lichtbogen, also höhere Spannungen und Stromstärken von 10 bis 1000 A, ist die Abreißlänge vom Stoff der Schaltstücke unabhängig und beträgt 1 bis 3 mm je Volt der Netzspannung.

Das Brennen des Lichtbogens erfordert, daß aus der Oberfläche der Kathode Elektronen austreten. Die Stelle, an der das geschieht, heißt Brennfleck. Man erkennt den Brennfleck, nachdem der Bogen einige Sekunden gebrannt hat, als gleichsam angeätzte Fläche. Seine Größe nimmt mit der Stromstärke zu, indem die Stromdichte im Brennfleck bei Kohle etwa 5, bei den Metallen etwa 50 A/mm² beträgt. Seine Form ist für verschiedene Kathodenstoffe verschieden. Maßgebend ist die Art, wie die Elektronen aus der Kathodenoberfläche herausgetrieben werden. Das kann auf zweierlei Art geschehen: Thermisch, indem der Brennfleck so heiß wird, daß er als Glühkathode wirkt, oder elektrisch, indem sich vor der Kathode eine hohe Feldstärke ausbildet, die die Elektronen aus dem verhältnismäßig kalten Metall herausreißt. Keine der beiden Arten tritt wohl ganz rein auf. Zur ersten Art gehören Kohle und Wolfram, zur zweiten die übrigen Metalle. Bei der ersten Art ist der Brennfleck rund und einfach, während er bei der zweiten Art unregelmäßige Form hat und oft in einzelne Punkte aufgelöst ist. Das ist besonders an großen Quecksilberdampfgleichrichtern zu beobachten.

Im Brennfleck auf der Anode ist die Stromdichte 5- bis 10mal geringer; daher ist er größer und verwaschener als der kathodenseitige.

Die Temperatur in den Brennflecken ist zu 2000 bis 4000° C gemessen worden, während sie im Lichtbogen selbst bis zu 10000° betragen kann.

Der Bogen liefert an die Anode stets eine größere Wärmemenge als an die Kathode. Das hindert aber nicht, daß der Kathodenfleck heißer sein kann als irgendeine Stelle der Anode, wenigstens für kurze Zeit nach der Zündung des Bogens.

Der Lichtbogen haftet auf der Kathode in der Regel fester als auf der Anode, so daß man, zumal er sich auf letzterer verbreitet, den Eindruck hat, als ob er wie ein Wasserstrahl aus der Kathode hervorbräche. Zieht man mit einem Stifte o. dgl. aus einer Schiene (beide aus Messing, $U = 220$ V, Strom etwa 2 A) einen Lichtbogen und bewegt den Stift bei gleichbleibendem Abstande entlang der Schiene, so folgt der Bogen auch bei großer Geschwindigkeit der Bewegung, wenn die Schiene Anode ist, zieht sich aber schräg in die Länge und reißt ab oder folgt nur langsam, wenn sie Kathode ist. Bei Kohle ist dieser Unterschied noch stärker ausgeprägt. Er läßt sich zur Bestimmung der Polarität gebrauchen, ebenso wie folgende Erscheinung: Wenn man zwischen zwei oxydierten Kupferstücken kurz einen Lichtbogen zieht, wird die Anode schwarz, die Kathode blank. Auch bei Wolfram ist das zu bemerken. Ob das Oxyd an

der Kathode chemisch reduziert oder ob es abgesprengt wird, ist nicht
untersucht worden.

Durch ein Blech, mit dem man schnell zwischen die Elektroden fährt,
läßt sich ein Lichtbogen ebenso verlängern bzw. abschneiden wie durch
eine isolierende Platte, weil sich an diesem Blech kein neuer Kathoden-
fußpunkt bilden kann. Das geht aber nicht mehr, wenn die Spannung
zwischen dem Blech und der Anode wesentlich mehr als etwa 300 V (die
weiter unten besprochene Glimmspannung U_g) beträgt. Dies ist von
Bedeutung für gewisse Starkstromschalter, auf die hier nicht näher ein-
gegangen werden kann.

Lehrreich ist folgender Versuch: Man läßt in der Brückenschaltung
nach Bild 24 bei b einen kurzen Lichtbogen brennen. Schließt man nun

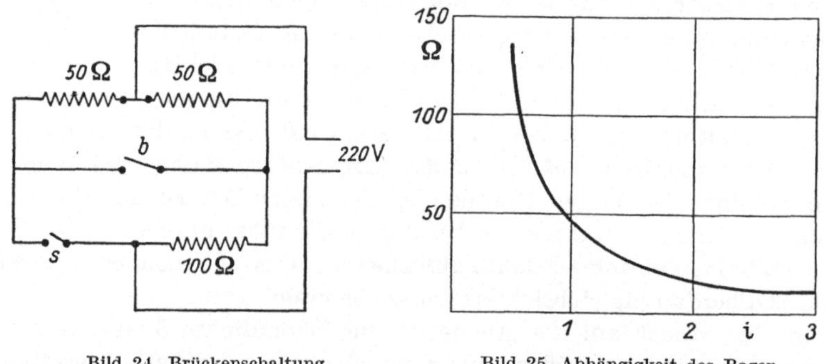

Bild 24. Brückenschaltung   Bild 25. Abhängigkeit des Bogen-
widerstandes vom Strom

den bisher offenen Schalter s, so sollte sich die Stromrichtung in b plötzlich umkehren. Das geschieht aber nicht, vielmehr erlischt der Bogen.
Er brennt nur dann weiter, wenn man statt 220 V eine so hohe Spannung
(gegen 1000 V) verwendet, daß an b über 300 V entstehen.

Die Vorgänge im Lichtbogen und seinen Elektroden sind in Wirklichkeit sehr verwickelt, aber dennoch von der Wissenschaft zum größten
Teile aufgeklärt. Eine ausführliche und verhältnismäßig leicht verständ-
liche Darstellung der Theorie des Lichtbogens sowie auch der sonstigen
Formen von Entladungen in Gasen ist in [9] zu finden.

Aus den Kennlinien des Bildes 23 läßt sich, z. B. für $a = 1$ mm, die
Abhängigkeit des scheinbaren Widerstandes des Lichtbogens von der
Stromstärke i berechnen; man erhält die Kennlinie nach Bild 25. Sie
zeigt, daß der Widerstand mit zunehmender Stromstärke stark abnimmt,
daß der Lichtbogen somit eine „fallende Charakteristik" besitzt. Das ist
eine Bedingung dafür, daß der Bogen in einem im Nebenschlusse zu ihm
liegenden Kondensatorkreise Schwingungen zu erzeugen fähig ist.

Als beweglicher Leiter wird der Lichtbogen von einem Magnetfelde
abgelenkt. In der Starkstromtechnik macht man davon nützlichen Ge-

brauch. Bei Unterbrechung mit kurzem Schaltwege, wie sie hier behandelt wird, ist die Ablenkung schädlich, weil sie den Bogen an die Kante der Schaltstücke bläst, wo er sich verlängert und dann wegen der

verminderten Kühlung schwerer zum Erlöschen zu bringen ist. Man soll daher bei stärkeren Strömen derartige Schalter nicht im Streufelde von Magneten anordnen. Bei starkem Strome ist auch dessen eigenes Feld wirksam;

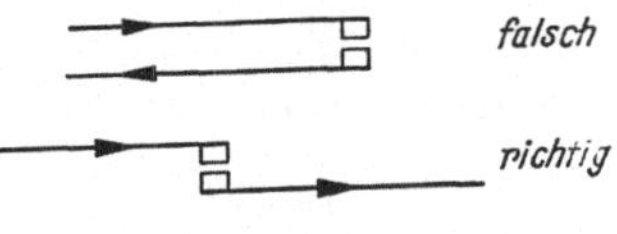

Bild 26. Stromzuführung zum Kontakt

denn die Blaswirkung nimmt mit dem Quadrat der Stromstärke zu. Ihre Richtung ergibt sich aus der Regel, daß sie die vom Strom umflossene Fläche zu vergrößern sucht. Vermeiden läßt sie sich durch geeignete Führung der Zuleitungen (Bild 26).

4. Das Glimmlicht und seine Mindestspannung U_y

Versucht man, den Grenzstrom bei etwas höheren Spannungen, z. B. bei 440 V, festzustellen, so findet man keinen, d. h. der geringste Strom ist bereits imstande, die Elektroden zu überbrücken, freilich nur über sehr kurze Strecken. Die Entladungserscheinung ist aber *bei geringer Stromstärke* kein Lichtbogen, sondern Glimmlicht, was wohl zuerst vom Verfasser in [3] beschrieben worden ist.

Dieses Glimmlicht unterscheidet sich vom Lichtbogen in mancherlei Weise. Es brennt geräuschlos, ist nicht so hell und weiß wie ein Lichtbogen und zeigt nicht das Spektrum des Elektrodenstoffes, sondern das des Gases, in dem es brennt, ist daher in Luft (Stickstoff) violett. Vor allem aber beträgt die Spannung am Schalter bei Glimmlicht (außer bei Edelgasen) mindestens gegen 300 V. Infolgedessen erhitzt es die Elektroden, und zwar fast nur die Kathode, viel mehr als ein Lichtbogen wesentlich höherer Stromstärke. Die Stromdichte im Glimmlicht liegt in der Größenordnung von 0,1 A/mm², beträgt also fast 1000mal weniger als im Lichtbogenbrennfleck. Daher bedeckt das Glimmlicht schon bei schwachem Strom gleichmäßig eine verhältnismäßig große Oberfläche auf der Kathode.

Ähnlich wie der Lichtbogen läßt sich auch das Glimmlicht „ziehen", d. h. die Spannung, welche genügt, um beim Öffnen eines Schalters ein Glimmlicht von z. B. 0,2 mm Länge zu erzeugen, reicht bei weitem nicht aus, um diese Strecke zu durchschlagen. Die Überschlagspannung dafür beträgt nämlich (vgl. Bild 28) gegen 1000 V. Hingegen steigt die Brennspannung des Glimmlichtes von 0 auf 0,2 mm nur um etwa 20 V. Damit ist das „Ziehen" erklärt. Die Überschlagspannung bezeichnet man auch als „Zündspannung", die Brennspannung, unterhalb welcher das Glimmlicht erlischt, als „Löschspannung". Bei kürzestem Abstande ist aber, im Gegensatz zum Lichtbogen, die Zündspannung nicht merklich höher als die Brennspannung. Das läßt sich nur durch Versuche in verdünnten Gasen deutlich zeigen.

Diese Glimmlicht-Mindestspannung wird im folgenden mit U_g bezeichnet. Sie besteht fast nur aus dem Kathodengefälle.

Man kann die Spannung U_g hinreichend genau dadurch bestimmen, daß man zwischen zwei Kontaktstücken, an die ein Voltmeter gelegt ist, Glimmlicht brennen läßt und die kleinste Spannung feststellt, die man bei Näherung der Elektroden ablesen kann. Sie ist von der Form und der Temperatur der Elektroden sehr wenig abhängig, nur vom Stoff derselben und vom Gas, in dem die Entladung stattfindet. Aber auch da sind die Unterschiede gering, sofern es sich nicht um Edelgase (Neon, Argon, Helium) handelt. Maßgebend ist aber die äußerste Schicht der Elektrode, so daß dünne Überzüge von Fremdstoffen oder Oxyden die Glimmspannung merklich ändern. Folgendes Beispiel sei angeführt: Bei den neongefüllten Glimmlampen für 220 V bestehen die Elektroden aus Eisendrähten, U_g beträgt 140 V. Für 110 V werden die Drähte mit einer dünnen Schicht von Barium überzogen, wodurch U_g auf 70 V sinkt.

Tabelle 4.

Glimmlichtmindestspannung U_g.

Schaltstoff	1	2
	U_g (Volt)	
Blei	—	285
Eisen	269	290
Gold 1000 t	285	—
Kupfer	250	280
Messing	—	290
Molybdän	—	335
Neusilber	—	280
Nickel	226	275
Osmiridium	—	295
Platin	310	300
Platin-Iridium 20% ..	—	300
Platin-Osmium 7% ..	—	310
Silber 1000 t	280	300
Silber-Palladium 50%	—	315
Wolfram	—	325
Zink	277	300
Zinn	266	310

In der Tab. 4 ist für einige Metalle die Glimmspannung U_g angegeben, und zwar sind unter *1* Werte aus [6] aufgeführt, die vermutlich in verdünnter Luft an reinem Metall gemessen sind, und unter *2* Werte, die der Verfasser an Kontakten gefunden hat, die durch vorhergehende Versuche mit Lichtbogen angegriffen waren, also Werte, die praktischen Verhältnissen entsprechen. Letztere Zahlen dürften auf $\pm$ 10 V genau sein.

Daß die Werte unter *2* höher sind, und zwar besonders bei den unedlen Metallen, beruht vermutlich auf den bei Versuchen in freier Luft sich bildenden Oxydschichten. Bei Aluminium, Kohle und Graphit läßt sich durch Schaltversuche die Glimmgrenzspannung nicht feststellen, weil hier schon sehr schwache Ströme eine Art Lichtbogen statt des Glimmlichtes entstehen lassen, wohl infolge der Verbrennungswärme.

Die Grenzstromkennlinie, deren rechtes Ende Bild 27 beispielsweise für Silber zeigt, springt also bei der Spannung U_g mehr oder weniger scharf von einem endlichen Wert auf Null. Dennoch hat ihre punktiert angedeutete stetige Fortsetzung einen Sinn. Sie gibt nämlich an, oberhalb welcher Stromstärke man beim Öffnen nicht Glimmlicht, sondern Lichtbogen erhält. Alle diese Linien sind in Wirklichkeit unscharf und als schmales Band zu denken.

Wie beim Lichtbogen ist auch beim Glimmlicht der Strom nach dem Öffnen des Schalters kleiner als vorher, und ähnlich wie dort gilt für den Glimmstrom bei ganz wenig geöffnetem Schalter

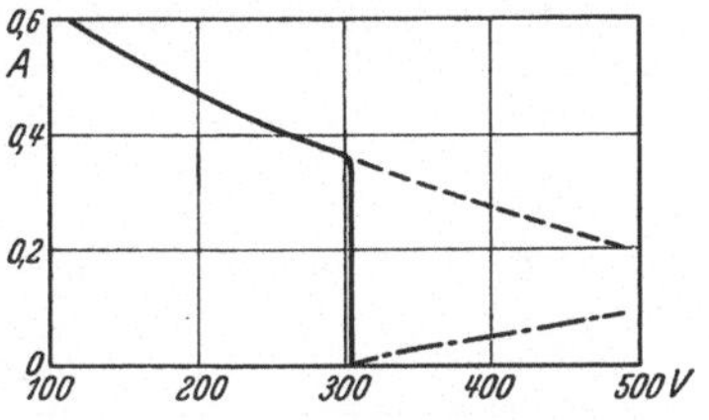

Bild 27. Grenze zwischen Lichtbogen und Glimmlicht

$$i_g = I \cdot \frac{U - U_g}{U}.$$

Daraus folgt, daß i_g für $U = U_g$ verschwindet und sich für höhere Spannungen langsam I nähert. Diese Kurve ist in Bild 27 strichpunktiert eingezeichnet. Die gemeinsame Asymptote für beide Kurven ist nur durch Versuche mit sehr hohen Spannungen bestimmbar. Nach Messungen, die mit 3000 V vorgenommen wurden, dürfte sie ungefähr folgende Werte haben:

Wolfram 0,09 A, Silber 0,1 A, Platin 0,1 A, Kupfer über 0,32 A.

Oberhalb dieser Ströme geht also das Glimmlicht in Lichtbogen über.

Die Straßenbahn hat früher am Abend den Rundfunk stark gestört, und zwar, wie vom Verfasser zuerst erkannt wurde[1], dann, wenn der Motorstrom ausgeschaltet und nur der Lichtstrom eingeschaltet war. Das liegt daran, daß der starke Motorstrom bei den kleinen Sprüngen des Stromabnehmers an der Oberleitung einen Lichtbogen bildet, der nicht abreißt, während der schwache Lichtstrom unter der Grenzstromstärke liegt und durch die Glimmspannung noch im Verhältnisse $\frac{500-300}{500}$ geschwächt ist, daher auch bei kleinen Sprüngen abreißt und das Netz zu den störenden Schwingungen erregt. Abhilfe bringt das Belegen des Bügels mit Kohle, die auch bei schwachem Strom einen Lichtbogen bildet, oder eine solche Verstärkung des Lichtstromes, daß er den Grenzstrom überschreitet.

U_g ist ziemlich genau gleich dem „Kathodengefälle", da fast die ganze Spannung des Glimmlichtes ihren Sitz unmittelbar vor der Kathode hat, was man natürlich nur an den langen Entladestrecken unter vermindertem Gasdruck feststellen kann.

5. Die Überschlagspannung

Für Luft von gewöhnlichem Drucke und zwischen schwach konvexen Funkenstrecken, z. B. genügend großen Kugeln, gilt bekanntlich bis zum

---

[1] Die Radiotechnik (Wien), 1925, H. 1, S. 1.

Abstande von einigen Zentimetern das Gesetz, daß die Durchbruchspannung rund 32000 V/cm beträgt. Das trifft aber nicht mehr für sehr kleine Abstände zu, und es wäre verfehlt, z. B. für 220 V eine Schlagweite von etwa 0,1 mm berechnen zu wollen. Vielmehr ist, wie schon oben gesagt, die kleinste Spannung, welche Luft zu durchschlagen vermag, gleich der Glimmlichtmindestspannung U_g, beträgt also gegen 300 V. Die Überschlagspannung ist daher vom Abstand etwa so abhängig, wie es Bild 28 darstellt.

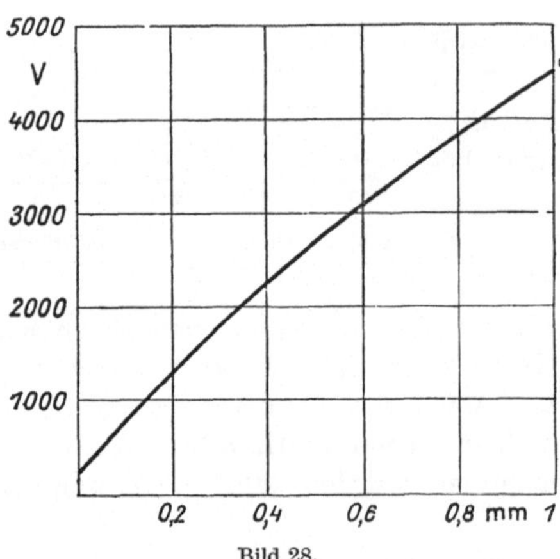

Bild 28.
Überschlagspannung als Funktion des Abstandes

Genau genommen ist auch das nicht ganz richtig. Bei sehr kleinen Entfernungen (unter 0,005 mm) steigt die zum Überschlag erforderliche Spannung wieder. (Das entspricht dem HITTORFschen Versuch mit der Umwegröhre und Verdünnung des Gases.) Die Folge davon ist aber nur, daß dann der Überschlag nicht an der nächstgelegenen Stelle des Kontaktes, sondern seitwärts stattfindet.

Auch in porösen, flüssigen und festen Körpern beginnt für kleine Abstände das Glimmen ungefähr bei derselben Spannung. Die elektrische Festigkeit (Überschlagspannung je Zentimeter) ist aber bei guten Isolatoren ein Vielfaches von jener der Luft, so daß die Kennlinie der Schlagweite viel steiler als nach Bild 28 verläuft, aber dennoch bei ungefähr 300 V beginnt. Kommt bei kleineren Spannungen ein Überschlag zustande, so ist das auf eine Brücke merklicher Leitfähigkeit (meist Feuchtigkeit) zurückzuführen, die durch Erwärmung den Durchschlag einzuleiten fähig ist.

Bei Wechselstrom kann auch zwischen nichtleitenden Oberflächen Glimmlicht entstehen, wozu ungefähr dieselbe Mindestspannung erforderlich ist. Diese Erscheinung ist für die bei hoher Belastung in geschichteten Isolierstoffen auftretenden Verluste verantwortlich zu machen, die eine innere Erwärmung und daher einen vorzeitigen Durchschlag von Isolatoren und Kondensatoren verursachen[1].

Die Mindestspannung U_g ist auch der Grund, warum im allgemeinen die Prüfung der Isolation eines Apparates mit niederer Spannung keinen

---

[1] BURSTYN, W.: Die Verluste in geschichteten Isolierstoffen. ETZ 1928, S. 1289, und GERNANT, A.: Die Verlustkurve lufthaltiger Isolierstoffe. Z. techn. Physik Bd. 13, S. 14. Vgl. auch ETZ 1932, H. 35, S. 848.

Wert hat. Zwei Metallteile, die sich fast berühren, halten diese Prüfung aus, können aber bei einer kleinen Verschiebung zur Berührung gelangen. Daher werden solche Prüfungen in der Regel mit 1000 V Wechselstrom (Spitzenspannung 1400 V) vorgenommen, was einer Luftstrecke von ungefähr $^1/_4$ mm entspricht.

6. Die drei Spannungsbereiche

Die Lichtbogenmindestspannung U_b und die Glimmindestspannung U_g sind für verschiedene Schaltstoffe wenig verschieden. Sie trennen daher in natürlicher Weise und ziemlich scharf drei Spannungsgebiete voneinander ab, die auch, mehr oder weniger bewußt, in der Technik unterschieden werden.

1. *Niederspannung* $(U < U_b)$, bei der sich jeder Strom mit kleinstem Schaltwege unterbrechen läßt. Sie ist fast ungefährlich, weil der Körper sie nicht fühlt und weil Schalter und durchbrennende Sicherungen keine Lichtbogen ziehen. Ein Brand kann nur durch Ohmsche Wärme entstehen. Die Niederspannung wird daher für unzuverlässige Anlagen (Hausklingeln, Lichtanlagen in Autos u. dgl.) benützt. — Die von den Vorschriften des VDE gezogene obere Grenze von 60 V für Niederspannung ist deswegen berechtigt, weil sie für Berührung auch noch ungefährlich ist und die für die Fernmeldezwecke u. dgl. verwendeten Stromstärken meist noch unter der Grenzstromstärke für diese Spannung liegen.

2. *Mittelspannung* $(U_b < U < U_g)$. Selbst die kürzeste Isolationsstrecke wird nicht durchschlagen. In der üblichen Höhe von 110 bis 220 V dient sie zur Verteilung der elektrischen Energie in Hausanlagen. Kurze Berührung ist im allgemeinen noch nicht lebensgefährlich. — Bei 220 V Wechselstrom beträgt (Sinusform vorausgesetzt) die Scheitelspannung schon $220 \cdot \sqrt{2} = 310$ V und liegt damit schon an der Hochspannungsgrenze.

3. *Hochspannung* $(U < U_g)$. Isolation kann durchschlagen werden. Hätten die Lichtleitungen 440 statt 220 V, so würde die Zahl der Unglücksfälle und Isolationsstörungen auf weit mehr als das Doppelte steigen. — Die Hochspannung reicht stetig bis zu den höchsten Spannungen.

7. Die Löschung des Unterbrechungsfunkens

a) Aufgabe. Die Entladungserscheinungen bei der Unterbrechung eines stärkeren Stromes erhitzen die Kontakte und greifen sie an, um so mehr, je länger sie dauern. Man sucht daher den Strom möglichst rasch zu unterbrechen. Schnelle Verlängerung des Lichtbogens durch schnelle Schaltbewegung oder magnetisches Ausblasen sind bekannte

Mittel. Hier sollen nur jene Verfahren besprochen werden, die ohne solche Verlängerung, also mit möglichst kurzem Schaltwege, den Bogen oder das Glimmlicht löschen, zunächst für Ohmkreise. (Löschen des Selbstinduktionsfunkens s. S. 24.) Als Mittel dient der Kondensator, der in verschiedenen Schaltungen angewandt werden kann.

b) Widerstand mit Vorschaltkondensator parallel zum Schalter Bild (29). Der durch den Widerstand R fließende Strom I soll unterbrochen werden.

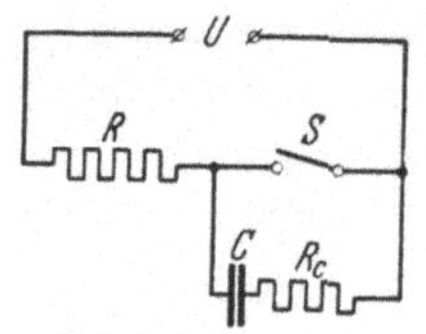

Bild 29. Funkenlöschung durch Widerstand R_c mit vorgeschaltetem Kondensator C

Im Nebenschluß zum Schalter S liegt der Kondensator C in Reihe mit dem Widerstand R_c.

Wir wollen zunächst annehmen, der Kondensator sei so groß, daß er beim Öffnen des Schalters im ersten Augenblicke einen Kurzschluß bildet. Dann kann man die Regel von S. 15 benutzen, wonach der Unterbrechungsvorgang davon abhängt, wie groß der Strom vor der Unterbrechung und die Spannung nach der Unterbrechung ist. Somit gewinnt man durch diese Schaltung nichts bezüglich der Stromstärke, wohl aber bezüglich der zu unterbrechenden Spannung, die ja statt U nur

$$U_u = U \cdot \frac{R_c}{R + R_c}$$ beträgt. Ein Lichtbogen am Schalter wird also ver-

mieden werden, wenn der Strom $I = \dfrac{U}{R}$ unter der Grenzstromstärke für U_u (s. Bild 20) liegt. Aus der Hyperbelform seiner Kennlinie folgt ohne weiteres, daß eine Herabsetzung der Spannung um einen bestimmten Bruchteil, z. B. ein Drittel, bei einer Spannung von 220 V wenig nützt, wohl aber sehr bei den niedrigen Spannungen der Fernmeldetechnik.

Mäßige Größe des Kondensators vermindert die Wirkung merklich. Denn der Schalter unterbricht wegen des immer vorhandenen Übergangswiderstandes nicht ganz plötzlich, um so weniger als seine Geschwindigkeit anfangs Null ist. Infolgedessen lädt sich der Kondensator schon vor der endgültigen Unterbrechung ein wenig auf. Zum Beispiel ergab sich noch lichtbogenfreie Unterbrechung für

$$U = 220\,\mathrm{V}, \qquad R_c = 100\,\Omega$$
laut Tab. 5.

Tabelle 5.

Schaltstücke aus	$C =$			
	16	2	1	0 μF
Silber	0,75	0,5	0,45	0,4 A
Wolfram ..	1,8	1,6	1,5	1,4 A
				(Grenzstrom)

Noch schädlicher wäre diesbezüglich das Prellen. Darüber s. S. 80.

Auch stärkere Ströme kann man löschen, wenn man R_c so klein wählt, daß U_u nahe an U_b herunterkommt. Zum Beispiel:

$$U = 220\,\text{V}\,, \qquad C = 1\,\mu\text{F}\,, \qquad I = 2{,}2\,\text{A}\,, \qquad R_c = 5\,\Omega\,,$$

woraus sich $U_u = 11$ V berechnet.

Scheinbar ließen sich beliebig starke Ströme unterbrechen, wenn man R_c ohne Rücksicht auf das Schließungsfeuer noch weiter verkleinert. Aber abgesehen davon, daß die Selbstinduktion der Netzzuleitungen sich bei starken Strömen mehr geltend macht, vollzieht sich bei kleinem R_c die Löschung in anderer Weise, wie im nächsten Abschnitt dargestellt.

Den Löschkreis statt zum Schalter zum Widerstande R_c parallel zu legen, ist deswegen ungünstiger, weil dann der Kondensator den Stoß der Netzselbstinduktion nicht abfangen kann.

c) Schwingungskreis parallel zum Schalter (Bild 30). Macht man in der Schaltung nach Bild 29 $R_c = 0$, so erhält man die nach Bild 30. Mit ihr lassen sich in der Tat ziemlich starke Ströme unterbrechen. Die übliche Erklärung ihrer Wirkungskreise ist folgende:

„Beim Öffnen des Schalters nimmt der Kondensator als Speicher zunächst den ganzen Strom auf. Bis er sich auf eine erhebliche Spannung geladen hat, ist der Abstand der Kontakte schon so groß, daß ihn die Kondensatorspannung nicht mehr durchschlagen kann.“

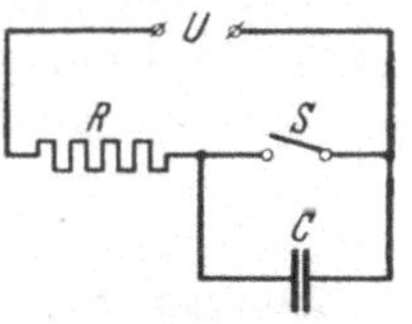

Bild 30.
Funkenlöschung durch Kondensator

Wenn der Vorgang so verliefe, dürfte man an der Schaltstelle auch nicht das kleinste Fünkchen sehen. Es tritt aber, wenigstens bei stärkeren Strömen, immer auf. Noch deutlicher ist folgender Versuch:

Die Verhältnisse seien so gewählt, daß der Strom sicher gelöscht wird, z. B. $U = 220$ V, $I = 2$ A, $C = 1\,\mu$F. Legt man unmittelbar vor C einen Widerstand von $10\,\Omega$, so versagt die Löschung. Legt man denselben Widerstand unmittelbar vor den Schalter, so sollte das nach der obigen Erklärung das Löschen begünstigen, weil ja der Strom noch mehr Grund hätte, den C-Zweig zu bevorzugen. Tatsächlich wird die Löschwirkung ebenso vernichtet wie im ersten Falle.

Es muß also, mindestens dann, wenn die Unterbrechung nicht ganz funkenlos erfolgt, die Löschung anders erklärt werden, und zwar, wie Verfasser zuerst erkannt hat [2], so: Der aus Schalter und Kondensator gebildete Kreis stellt einen Hochfrequenzschwingungskreis dar, auch wenn seine Selbstinduktion nur aus den Leitungen besteht. (Wenn diese ungefähr die Form eines Kreises von 10 cm $\varnothing$ haben und $C = 1\,\mu$F ist, beträgt die Wellenlänge etwa 1000 m.) An der Unterbrechungsstelle entsteht ein Lichtbogen, der je nach Umständen ein kaum sichtbares Fünkchen bildet oder bis zu einigen Zehntel Millimeter lang wird. Dieser Bogen vermag infolge der guten Kühlung durch das Metall der Kontakte den Kreis zu ungedämpften Schwingungen seiner Eigenfrequenz zu erregen. In Bild 31 bedeutet I den Gleichstrom, der im Augenblick der Öffnung des Schalters wegen der Gegenspannung des Lichtbogens ein wenig absinkt. Zugleich beginnt der Hochfrequenzstrom i_k sich aufzuschaukeln, bis er die Höhe I erreicht, aber im Bogen entgegengesetzte Richtung hat. In diesem Augenblicke beträgt der Gesamtstrom im Bogen $I - i_k = 0$; der Bogen erlischt und zündet infolge der Kühlwirkung der Kontakte nicht wieder[1]. — Übrigens braucht $I - i_k$ nicht ganz auf 0 zu sinken, sondern nur bis auf den Grenzstrom, der allerdings bei starken Strömen durch die Erhitzung der Schaltstelle etwas erniedrigt ist.

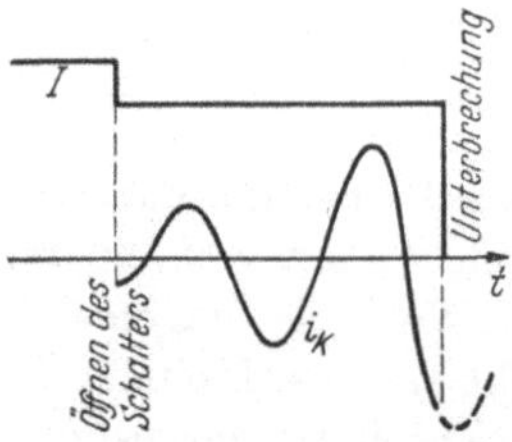

Bild 31. Ströme bei Funkenlöschung durch Kondensator

Nahe oberhalb des Grenzstromes üben schon kleine Kapazitäten eine überraschend große Löschwirkung aus. So benötigt man bei Silber für 220 V, 2 A nur 1000 cm.

Ein mit ganz kurzen Zuleitungen im Nebenschluß zum Schalter gelegter Kondensator löscht nicht, weil dann die Schwingungen infolge ihrer hohen Frequenz zu stark gedämpft sind.

Da mit zunehmender Frequenz die von Bogen, Kondensator und Leitungen hervorgerufene Dämpfung steigt und zugleich wegen Verkürzung der wirksamen Zeit die Löschung schlechter wird, ist es bei stärkeren Strömen nützlich, die Schwingungsdauer durch Einfügen einer Selbstinduktion L_c vor den Kondensator zu verlängern[2]. Schon eine kleine Spule von wenigen Windungen oder längere (nicht bifilare) Zuleitungen genügen hierfür (Bild 32).

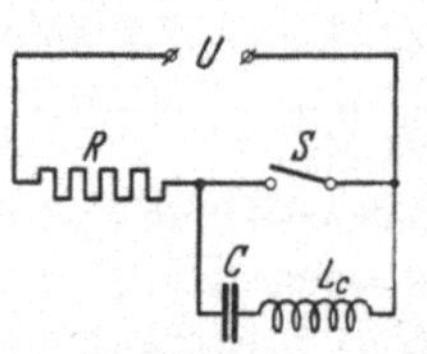

Bild 32. Selbstinduktion im Löschkreis

Die Abhängigkeit der größten löschbaren Stromstärke von Kapazität und Wellenlänge des Löschkreises ist für $U = 220$ V und Schaltstücke aus Silber und Platin aus Bild 33 ersichtlich. Es wäre verfehlt, die Maxima ausnützen und mit kleinen Kondensatoren und allzu niedrigen Frequenzen arbeiten zu wollen. Denn dann entstehen die Schwingungen erst bei einer gewissen Länge des Bogens, z. B. 0,5 mm, und verhältnismäßig langsam, so daß der Schalter nicht zu wenig und nicht zu schnell geöffnet werden darf. Je schneller das Öffnen geschieht, desto höher muß man die Frequenz des Löschkreises wählen. Die rechte Seite der Kurven kommt keinesfalls in Betracht.

Damit die Schwingungen sich gut ausbilden können, soll der Löschkreis wenig gedämpft sein. Die Versuche zu Bild 33 wurden mit Glimmer-

---

[1] Diese Erklärung ist seither durch Oszillogramme bestätigt worden.
[2] DRP Nr. 274771 von W. BURSTYN.

kondensatoren ausgeführt; Papierkondensatoren (selbstverständlich muß man induktionsfreie verwenden, s. S. 10) sind weit ungünstiger. Auch die Spule L_c soll kleine Dämpfung besitzen; solche mit Hochfrequenzeisenkern (Sirufer) dürften sich deswegen und wegen ihrer geringen Größe gut eignen.

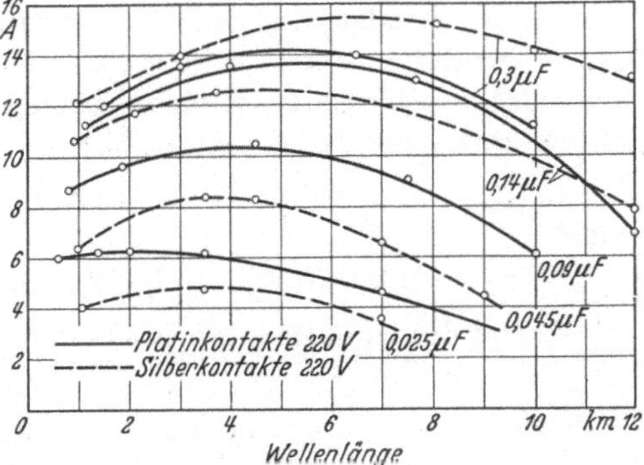

Bild 33. Abhängigkeit der löschbaren Stromstärke vom Schaltstoff usw.

Die Wirkung der Dämpfung kann man zur Anschauung bringen, wenn man einen Taster mit etwa 1 mm Hub und als L_c eine flache Spule von etwa vier Windungen und 80 mm ⌀ benützt. Man wählt C so, daß z. B. 5 A gerade mit Sicherheit gelöscht werden. Legt man auf die Spule ein Messingblech, so verhindert die induktive Dämpfung das Löschen. Der nun brennende kurze Bogen erlischt sofort, wenn man das Blech wegnimmt.

Welche Spannung der Kondensator bei der Löschung erreicht, läßt sich angenähert daraus berechnen, daß die Amplitude I_k des Schwingungsstromes etwa ebenso groß sein muß wie der Gleichstrom I:

$$I = I_k = 2\,\pi\cdot f\cdot C\cdot U_c\,,$$

woraus sich z. B. für $I = 6$ A, $C = 1\,\mu$F, $f = 10^5$ ergibt: $U_c = 100$ V.

Das Aufschaukeln der Schwingungen erfordert eine gewisse, freilich nur nach Mikrosekunden zählende Zeit, und zwar eine um so längere, je niedriger ihre Frequenz ist. Infolgedessen kann es geschehen, daß bei zu schnellem Öffnen des Schalters die Löschung versagt.

Während der Aufschaukelzeit brennt der Bogen mit erhöhter Stromstärke und erhitzt die Schaltstücke. Das ist eine schlechte Vorbereitung für das endlich erfolgende Löschen, wo sie ja den Bogen kühlen sollen. Daher lassen sich auch mit dieser Schaltung nur mäßige Ströme, praktisch bis etwa 10 A, unterbrechen. In Wasserstoff oder Leuchtgas kommt man erheblich weiter.

Ob die Spannung U etwas weniger oder mehr als U_g beträgt, macht hier keinen merklichen Unterschied. — Wenn in Bild 32 R selbstinduktionsfrei ist, werden die Schwingungen über das Netz hinweg durch R gedämpft. Man kann dann die Löschung durch Einfügen einer Hochfrequenzdrossel in die Netzleitung verbessern. Den Löschkreis an R statt an den Schalter zu legen, ist aus dem zu Bild 29 angegebenen Grunde schlechter, noch mehr deswegen, weil die schnellen Schwingungen über das Netz verlaufen müßten und dadurch gedämpft oder unterdrückt werden können.

Die alte (noch in manchen neuen Lehrbüchern zu findende) Erklärung, wonach der Kondensator als Speicher wirken soll, trifft nur dann zu — und dann gibt es wirklich kein Fünkchen bei der Unterbrechung —, wenn der Löschkreis so reichlich bemessen ist, daß er weit stärkere Ströme zu löschen fähig wäre; z. B.:

$$U = 220\,\text{V}\,, \qquad I = 1{,}5\,\text{A}\,, \qquad C = 2\,\mu\text{F}\,,$$

oder

$$U = 220\,\text{V}\,, \qquad I = 2{,}2\,\text{A}\,, \qquad C = 16\,\mu\text{F}\,.$$

Dabei muß der Kondensator ganz kurz angelegt sein.

B. Induktiver Kreis

1. Das Ausschalten einer Selbstinduktion

In einem reinen Ohmkreise ist keine elektromagnetische Energie aufgespeichert. Es ist daher grundsätzlich denkbar, den Strom in unendlich kurzer Zeit zu unterbrechen. Bleibt man hinreichend unter der Grenzstromstärke, so geschieht dies auch, und der bei größeren Stromstärken entstehende Lichtbogen ist von diesem Standpunkt aus keine physikalische Notwendigkeit.

Anders, wenn nach Bild 34 außer dem Widerstand R eine Selbstinduktion L in Reihe mit dem Schalter S liegt. Wir wollen vorläufig annehmen, daß es sich um eine „reine" Selbstinduktion (z. B. einen Elektromagneten mit unterteiltem Eisen) handelt, die also nicht durch Wirbelströme od. dgl. gedämpft ist; ihr Ohmscher Widerstand ist zu R zu rechnen. Dann hat der Schalter nicht nur den Ohmschen Strom zu unterbrechen, sogar unter erschwerenden Bedingungen, sondern er muß

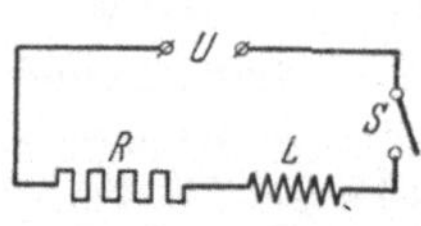

Bild 34. Ausschalten einer Selbstinduktion.

auch noch die ganze in der Selbstinduktion aufgespeicherte elektromagnetische Energie $A = \tfrac{1}{2}\cdot L\cdot I^2$ vernichten, d. h. in Wärme verwandeln, wobei als Widerstand die entstehende Entladungserscheinung dient. Dadurch erhitzen sich die Kontakte, und das hat eine merkliche Herabsetzung ihrer Löschwirkung und somit des Grenzstromes zur Folge.

Der Ausdruck dafür, wie weit sich der Kreis von den Eigenschaften eines Ohmkreises entfernt, ist die Größe L/R, das ist die Zeitkonstante T_r des Kreises. Da sich daraus bei gegebener Spannung und Stromstärke $A = \tfrac{1}{2}\cdot U\cdot I\cdot T_r$ ableiten läßt, ist T_r auch maßgebend für die Verschlechterung der Löschwirkung.

Es liegt keine ausführliche Untersuchung darüber vor, auf welche Größe i_p dadurch der Grenzstrom herabgesetzt wird. Sicher ist, daß i_p

für größere Selbstinduktionen bei Silber und Wolfram auf weniger als die Hälfte des Wertes von i_u für 220 V sinken kann, bei Platiniridium (wohl wegen der schlechteren Wärmeleitung) noch weiter.

Immer bewirkt die Trägheit der Sebstinduktion, daß im allerersten Augenblick nach der Öffnung des Schalters der Strom in unverminderter Stärke weiter fließt. Was aber dabei und weiterhin vor sich geht, kann sehr verschieden sein. Wir wollen die Erscheinungen für zwei Arten der Schalterbewegung betrachten.

1. Der Schalter wird nur sehr wenig geöffnet, wie dies z. B. bei Selbstunterbrechern die Regel ist. Dann sind folgende Fälle zu unterscheiden:

a) $U < U_g$, I wesentlich kleiner als der Grenzstrom i_p (s. oben). Es entsteht Glimmlicht, welches in der Ausschaltzeit t_a die Energie A verzehrt. Die Netzspannung U, vermindert um die Selbstinduktionsspannung, ist gleich der Spannung am Widerstande R vermehrt um die Glimmspannung:

$$U - L \cdot \frac{d\,i}{d\,t} = i \cdot R + U_g \, .$$

Die Lösung dieser Gleichung ergibt

$$i = \frac{U = U_g \left(1 - e^{-\frac{t}{T_r}}\right)}{R} = I - \frac{U_g}{R} \left(1 - e^{-\frac{t}{T_r}}\right), \qquad (14)$$

worin $T_r = \frac{L}{R}$. Der Strom sinkt also nach einer Exponentialkurve von I auf Null (Bild 35)[1]. Die Ausschaltzeit beträgt

$$t_n = - T_r \cdot \ln \frac{U_g - U}{U_g} \, . \qquad (15)$$

Für Spannungen, die klein gegen U_g sind, kann man angenähert setzen:

$$t_a = T_r \cdot \frac{U}{U_g} \, . \qquad (16)$$

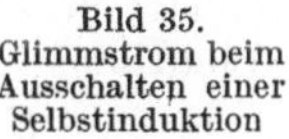

Bild 35. Glimmstrom beim Ausschalten einer Selbstinduktion

Hat z. B. ein Relais $L = 1$ H und $R = 500\,\Omega$, so ist $T_r = 0,002$ s, und bei 60 V wird $t_a = 0,0004$ s.

Die im Glimmlicht insgesamt vernichtete Arbeit beträgt wegen der Nachlieferung seitens der Stromquelle U mehr als A, nämlich

$$A_g = U_g \cdot I \cdot t_a \, ,$$

somit für kleines U nach Gl. (16)

$$A_g = U \cdot I \cdot T_r = U \cdot I \cdot \frac{L}{R} = L \cdot I^2 = 2\,A \, .$$

---

[1] Die Bedenken dagegen in [18], S. 246, dürften nicht zutreffen; denn bei Vorhandensein einer Selbstinduktion kann der Strom nicht plötzlich von einem endlichen Werte auf Null absinken.

Für größeres U wird A_g noch größer, wie aus Gl. (14) leicht zu entnehmen.

In der eben beschriebenen Weise erfolgt die Unterbrechung nur, solange am Schalter ein kleines, ruhiges Fünkchen auftritt. Bis zu welcher Stromstärke das zutrifft, ist unsicher und die Grenze sehr unscharf. Sie mag für großes T_r etwa bei $^1/_2$ bis $^2/_3$ von i_p liegen.

b) $U < U_g$, I größer als im Falle a), aber immer noch kleiner als i_p. Die Unterbrechung verläuft bei kleinem T_r wie im Falle a). Bei großem T_r hingegen entsteht nicht mehr ruhiges Glimmlicht, sondern eine Entladung, welche jener ähnelt, die z. B. Platiniridium wenig unterhalb des Grenzstromes in einem Ohmkreise zeigt und wohl auch als Glimmlicht aufzufassen ist. Sie sieht explosionsartig aus, oft schlagen (auch bei Messing) stichflammenähnliche Funken mehrere Millimeter weit die Kathode entlang, auch um deren Kanten herum. Die Unterbrechung erfolgt vermutlich nicht nach einem einfachen Gesetz wie im Falle a).

c) $U < U_g$, $I > i_p$, aber kleiner als i_u bei der Spannung U. Es entsteht zunächst ein Lichtbogen, der wie das Glimmlicht nach a) Energie verzehrt, aber langsamer, da U_g in Gl. (14) durch das etwa 20mal kleinere U_b zu ersetzen ist. Sobald dadurch die treibende Spannung auf einen solchen Wert gesunken ist, daß ihr der gleichzeitig gesunkene Strom als Grenzstrom entspricht (vielmehr etwas später, weil sich der Kathodenfleck abkühlen muß), geht der Bogen in Glimmlicht über, welches den restlichen Strom nach a) oder b) unterbricht. Dies läßt sich in einem Drehspiegel beobachten.

Leicht herzustellen und bequem zu gebrauchen ist ein Taumelspiegel. Auf das eine Achsenende einer Fahrrad-Vorderradnabe steckt man einen Holzzapfen mit schräger Vorderfläche und kittet darauf einen runden Taschenspiegel. Man hält die Nabe mit der einen Hand und dreht mit der andern das freie Achsenende. Wenn die Nabe mit dünnem Öl geschmiert ist, macht der Spiegel durch den Schwung einige Umdrehungen. Die zu beobachtende Stelle wird dabei zu einem Kreise ausgezogen.

d) $U < U_g$, I größer oder wenig kleiner als i_u für U. Der gezogene Lichtbogen erlischt nicht.

e) $U < U_b$, I beliebig groß. Der Schalter unterbricht immer, je nach der Stromstärke unter Bildung von Lichtbogen oder Glimmlicht.

f) $U > U_g$, $I < i_p$. Das entstehende Glimmlicht erlischt nicht. Dieser Fall tritt z. B. ein, wenn man an 440 V einen elektromagnetischen Selbstunterbrecher arbeiten läßt, dessen Zeitkonstante T_r dank einem Vorschaltwiderstande klein ist. Bei offenem Schalter ist dann der Strom infolge der Gegenspannung U_g des brennenden Glimmlichtes so schwach, daß der Anker fast wie bei völliger Unterbrechung abfällt; dabei werden die Schaltstücke durch das Glimmlicht stark erhitzt.

g) $U > U_g$, $I > i_p$. Der gezogene Lichtbogen bleibt bestehen.

2. Der Schalter wird schnell und reichlich weit geöffnet:

h) Bedingungen wie unter a), b) oder f). Es entsteht nur Glimmlicht, das aber wegen des Widerstandes der Glimmsäule schneller erlischt als nach Gl. (15). Dieser Art ist das Fünkchen, welches an den Selbstunterbrechern der Hausklingeln zu beobachten ist.

i) Bedingungen wie unter c). Der Vorgang spielt sich ähnlich wie dort ab, doch ist bei großem T_r ein niedrigerer Grenzstrom als für Ohmkreise einzusetzen. Das liegt daran, daß der Lichtbogen in voller Stärke ausgezogen wird und nicht wie in einem Ohmkreise schon bei kleinstem Abstand der Kontakte unter deren Kühlwirkung erlischt. Man kann hier folgende für die Theorie des Grenzstromes wahrscheinlich bedeutsame Beobachtung machen: Ein Bogen, den man mit einem gerade schon einen solchen ergebenden Strom rasch auf z. B. 3 mm Länge gezogen hat und der in dieser Länge weiterbrennen würde, erlischt, wenn man die Kontaktstücke wieder auf einen kleinen Abstand einander nähert, obgleich dabei der Strom etwas steigt.

k) Bedingungen wie unter d) oder g). Das ist der gewöhnliche Fall in der Starkstromtechnik. Der entstehende Lichtbogen ist länger als in einem Ohmkreise und muß durch Ausziehen oder Ausblasen gelöscht werden.

Man muß in allen Fällen damit rechnen, daß die Überspannung am Schalter die Spannung U_g erreicht oder sogar etwas übersteigt. Weit darüber steigt sie nur im Falle k), wenn der Bogen magnetisch oder pneumatisch ausgeblasen wird. Die in gleicher Höhe beanspruchte Isolation der Wirkung L ist dann entsprechend zu bemessen.

Der Unterbrechungsfunken greift die Kontakte stark an. Aus diesem Grunde sucht man ihn besonders bei oft beanspruchten Schaltern zu unterdrücken. Außerdem verhindert er eine rasche Unterbrechung des Stromes, wie sie häufig erwünscht ist, z. B. bei Funkeninduktoren und Feldmagneten. Die zu treffenden Maßnahmen sind in den nächsten Abschnitten behandelt.

2. Die Löschung des Selbstinduktionsfunkens durch Dämpfung

a) Widerstand parallel zur Selbstinduktion (Bild 36). Der Spule L mit ihrem Eigen- oder Vorschaltwiderstande R_s liegt der dämpfende Widerstand R_d parallel; außerdem ist ein Vorschaltwiderstand R vorhanden. Welche Wirkung hat R_d auf den Funken am Schalter S?

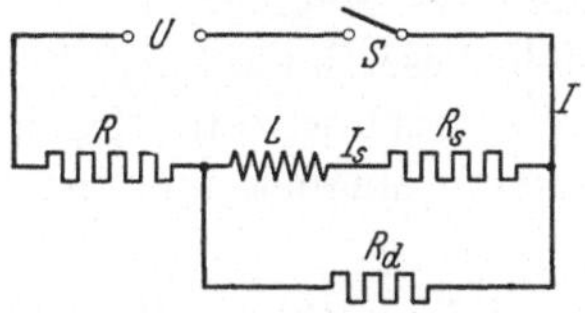

Wir dürfen hier das Gesetz von S. 15 anwenden, wonach die Unterbrechungserscheinung davon abhängt, wie groß der Strom vor und die Spannung nach der Unterbrechung ist. Für letztere ist allerdings nicht

Bild 36. Dämpfung des Unterbrechungsfunkens durch einen Parallelwiderstand

die Netzspannung U einzusetzen, sondern jene Spannung U_u, die am Schalter bei plötzlicher Unterbrechung entsteht.

Da dabei der Strom I_s der Spule in voller Stärke weiter zu fließen strebt, entwickelt L im geschlossenen Kreise $L R_s R_d$ eine Induktionsspannung, von der auf R_d, wo der Strom in entgegengesetzter Richtung wie in L fließt, der Teil

$$U_d = I_s \cdot R_d \tag{17}$$

entfällt.

Es hängt also überraschenderweise ihre Höhe gar nicht von L ab, wohl aber ihre Dauer. U_d ist zugleich die am Schalter auftretende Überspannung.

Der Schalter hat demnach den Strom $I = I_s + I_d$ und die Spannung

$$U_u = U + U_d \tag{18}$$

zu unterbrechen. Das geschieht ohne Lichtbogen, wenn

$$I < i_u \text{ für } U_u$$

und ohne Glimmlicht, wenn

$$U_u < U_g .$$

Ähnlich wie beim Ausschalten einer Selbstinduktion ohne Nebenschluß können verschiedene Erscheinungen auftreten. Zwei Beispiele mögen betrachtet werden:

1. U ist eine Lichtnetzspannung und I so groß, daß beim Ausschalten ein Lichtbogen entsteht. Seine Länge und schädliche Leistung können durch einen Widerstand R_d stark herabgesetzt werden. Zugleich wird die Spannungsbeanspruchung der Spulenwicklung vermindert. Dieser Fall ist die Regel beim Ausschalten von Feldern elektrischer Maschinen. R_d wird einige Male größer als R_s gewählt.

2. $U = 60$ V, $R = 0$, $R_s = 200\,\Omega$, $I_s = 0{,}3$ A. Ohne Nebenwiderstand entstünde eine Überspannung, die am Schalter Glimmlicht erzeugen und die Isolation der Spulenwicklung gefährden würde. Durch einen Widerstand $R_d = 600\,\Omega = 3\,R_s$ wird $I = 0{,}4$ A und $U_u = 60 + 0{,}3 \cdot 600 = 240$ V, so daß weder Lichtbogen noch Glimmlicht entsteht.

Der Nebenschlußwiderstand R_d erhöht den Stromverbrauch und hindert das rasche Entstehen und Verschwinden des Magnetismus. Ist L ein Elektromagnet mit Anker, so bewegt sich dieser langsamer. Das kann manchmal stören, manchmal erwünscht sein. Auch wird im Gegensatz zu den Kondensatorschaltungen der remanente Magnetismus nicht beseitigt.

Eine nicht ganz hierher gehörige, aber in ihrer Wirkung ähnliche Schaltung sei noch erwähnt, die die Unterbrechung einer Selbstinduktion ersetzt, nicht bewirkt (Bild 37). Der Schalter S schließt die Selbstinduktion L, der ein Widerstand R vorgeschaltet ist, kurz und hat beim Öffnen nur einen Ohmschen Strom $\dfrac{U}{R}$ zu unterbrechen, arbeitet also bei niedrigen Spannungen oder Strömen funkenfrei. Die Schaltung eignet sich besonders für Thermometerkontakte, z. B. für ein Bimetallthermometer, das ein Relais für den Strom eines Widerstandofens steuert.

b) Induktive Dämpfung der Selbstinduktion. Der Nachteil des Mehrbedarfs an Strom in der Anordnung nach Bild 36 läßt sich auch dadurch vermeiden, daß man den Widerstand R_d nicht unmittelbar, sondern nach Bild 38 induktiv an die Selbstinduktion L legt. In der Regel wird das so gemacht, daß man unter die Magnetwicklung eine in sich kurz geschlossene blanke Kupferwicklung

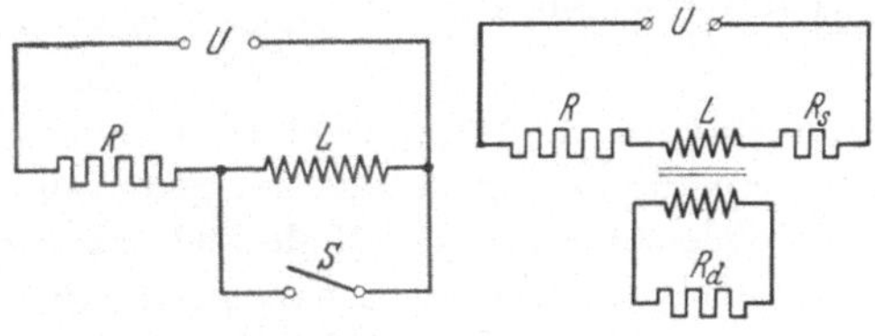

Bild 37. Kurzschlußschaltung zur Vermeidung des Funkens

Bild 38. Induktive Dämpfung

auf die Spule bringt oder den Spulenkörper aus Kupfer macht (Bild 39). Eine solche Sekundärwicklung D wirkt nach den Transformatorgesetzen so, als ob der Selbstinduktion ein Widerstand

$$R_d = R_s \cdot \frac{Q_s}{Q_d} \cdot \frac{d_d}{d_s}$$

parallel läge, wobei Q_s und Q_t den gesamten Kupferquerschnitt, d_s und d_d den mittleren Durchmesser der Magnetwicklung bzw. der Dämpferwicklung bedeuten. Entstehen und Verschwinden des Magnetismus wird wie im Falle a) verlangsamt; das wirkt der für die Kontakte schädlichen Erscheinung des Prellens entgegen.

Man muß aber beachten, daß eine solche Dämpferwicklung keine Streuung haben darf, d. h. alle von der eigentlichen Magnetwicklung erzeugten magnetischen Kraftlinien umschließen muß.

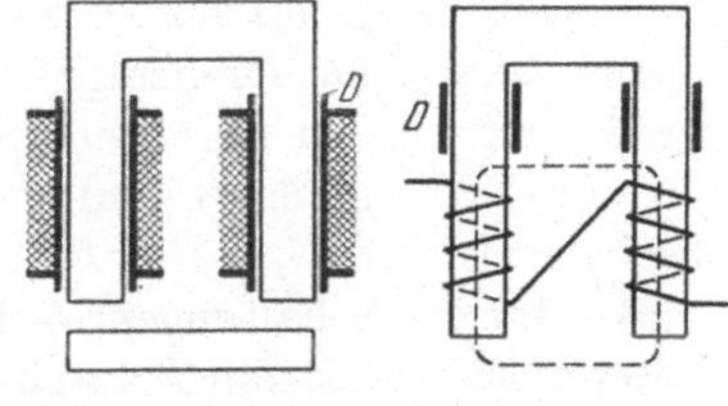

Bild 39. Dämpfung durch kupfernen Spulenkörper

Bild 40. Falsch angebrachte Dämpfung

Eine Anordnung nach Bild 40, bei welcher den Kraftlinien der punktiert angedeutete ungedämpfte Streuweg frei steht, wäre fast unwirksam.

Jeder Elektromagnet, dessen Eisen nicht unterteilt ist, wirkt in gewissem Grade gemäß Bild 39.

Die am Schalter auftretende Unterbrechungsspannung berechnet sich nach Gl. (18), wobei für R_d der Wert aus Gl. (23) einzusetzen ist.

c) Widerstand parallel zum Schalter (Bild 41). Diese Schaltung ist hinsichtlich des Stromverbrauchs dann sparsamer als die nach Bild 36,

wenn der Schalter in der Regel geschlossen ist. Die an ihm auftretende
Spannung berechnet sich in ähnlicher Weise wie dort zu

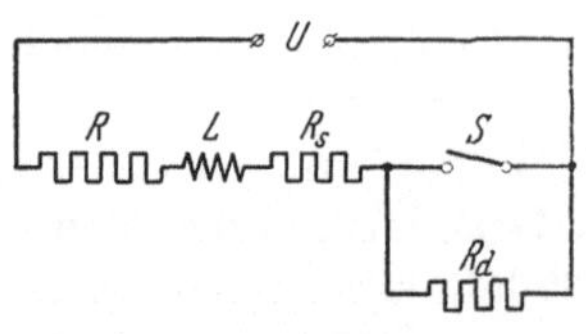

Bild 41. Löschwiderstand parallel
zum Schalter

$$U_u = I \cdot R_d = U \cdot \frac{R_d}{R + R_s}. \qquad (19)$$

Sie kann also im Gegensatz zu a) niedriger
als U werden und ist z. B. für $R_d = R + R_s$
gleich U, als ob ein Ohmkreis vorläge. —
An Strom kann hier in geeigneten Fällen
noch dadurch gespart werden, daß man
für R_d Metallfadenlampen nimmt, deren
Widerstand nach erfolgter Unterbrechung steigt. Ein oft störender Nachteil dieser Schaltung ist, daß der Strom nie ganz unterbrochen wird.

d) Widerstand mit Vorschaltkondensator parallel zum Schalter. Die in
der eben beschriebenen Schaltung durch den Widerstand R_d bedingte
Stromvergeudung kann nach Bild 42 dadurch beseitigt werden, daß man

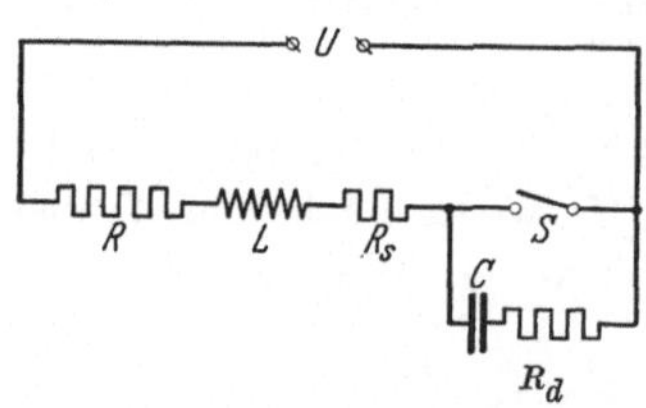

Bild 42. Löschwiderstand R_d mit vorgeschaltetem Kondensator parallel zum
Schalter

in Reihe mit dem dämpfenden Widerstande R_d einen Kondensator C legt,
dessen Kapazität zunächst sehr groß ge-
dacht sei.

Diese in der Fernmeldetechnik sehr
häufig angewandte Schaltung entspricht
der nach Bild 29 für Ohmkreise, nicht
etwa der Schaltung nach Bild 30, wenigstens dann, wenn R_d nicht allzu klein ist.
Der Verkleinerung von R_d, die für die
Funkenlöschung nützlich wäre, ist mit Rücksicht auf die Lebensdauer
des Schalters eine Grenze gesetzt durch das Schließungsfeuer des Kondensators, das bei gegebener Spannung U auch von C (gewöhnlich 1
bis einige μF) abhängt und auch dessen Vergrößerung begrenzt. Dies-
bezügliches s. S. 97.

Wie für die Schaltungen a), b) und c) gilt auch für diese, daß der zu
unterbrechende Strom I durch den Löschkreis nicht herabgesetzt wird,
sondern nur die Spannung auf

$$U_u = I \cdot R_d = U \cdot \frac{R_d}{R + R_s}. \qquad (20)$$

Alle diese Schaltungen geben nur unter der Grenzstromstärke für U_u
eine lichtbogenfreie Unterbrechung und sind wegen der Hyperbelform
der Grenzstromkennlinien (vgl. Bild 20) für niedrige Netzspannungen
besonders wirksam.

Zu Bild 29 wurde erklärt, warum man C nicht beliebig klein machen
darf. Hier verbietet es noch ein zweiter Grund, der im folgenden erörtert wird.

Nach erfolgter Unterbrechung fließt der Strom I zunächst in voller Stärke in den Kondensator (Bild 43) und klingt als Schwingung i_c ab, die von der Summe aller vorhandenen Widerstände (bei nicht unterteiltem Eisen von L auch durch die Wirbelströme) gedämpft wird. Schwingungsdauer T_k und Dekrement $\mathfrak{d}$ entsprechen den Gl. (1) und (2) (S. 13). Zugleich mit der Unterbrechung beginnt die Aufladung des Kondensators. Seine Spannung u_c (Bild 43) schwingt um den Wert U, auf dem sie ja schließlich stehen bleiben muß. Ihre Amplitude, bezogen auf das Niveau U, er-

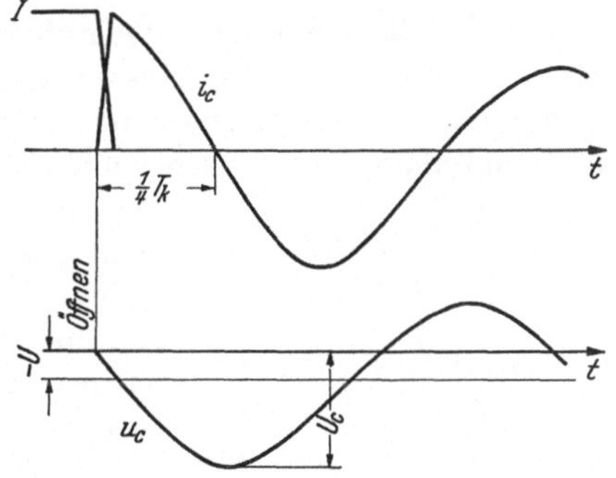

Bild 43. Ströme im Löschkreis der Schaltung nach Bild 42

gibt sich bei Vernachlässigung der Ohmschen Widerstände aus der Gleichsetzung der magnetischen und elektrischen Arbeit

$$\tfrac{1}{2} L \cdot I^2 = \tfrac{1}{2} C \cdot U_c^2 \quad \text{zu}$$

$$U_c = I \sqrt{\frac{L}{C}} \tag{21}$$

und findet etwa $^1/_4\, T_k$ nach der Unterbrechung statt. Wie hoch U_c wirklich wird, das hängt vom Dekrement ab. Ist $\mathfrak{d}$ etwa 1 oder kleiner — das ist für das Bild 43 angenommen und trifft praktisch zu, wenn $R = 0$ und R_s nur aus dem Eigenwiderstand einer Magnetspule besteht — so erreicht U_c fast den Wert nach Gl. (21). Die am Schalter gleichzeitig auftretende Höchstspannung U_u wird ebenso hoch[1]. Sie darf die Überschlagspannung des Schalters, der in diesem Augenblicke ja noch nicht weit geöffnet ist, die aber doch mindestens U_g beträgt, nicht übertreffen; sonst wird die Schaltstrecke durchschlagen und die schon erfolgte Unterbrechung wieder zunichte gemacht. Auch mit Rücksicht auf die Isolation der Wicklung wird man U_c — diese Spannung entsteht ja auch an L — oft auf U_g beschränken wollen. Damit folgt aus Gl. (21) als sichere Mindestgröße für den Kondensator

$$C = \frac{I^2 \cdot L}{U_g^2} . \tag{22}$$

Beispiel: $U = 60\,\text{V}$, $I = 1\,\text{A}$, $R = U$, $R_d = 60\,\Omega$, $L = 0{,}1\,\text{H}$, $C = 11\,\mu\text{F}$.

Mit $R_d = 30\,\Omega$ wird nach Gl. (20) $U_u = 20\,\text{V}$, und da bei dieser Spannung $i_u > 1\,\text{A}$ (s. Bild 20), wird die Unterbrechung lichtbogenfrei erfolgen.

Der Kondensator muß nach Gl. (22) mindestens etwa $1\,\mu\text{F}$ haben. Dabei wird $T = 0{,}002$ sec und $\mathfrak{d} = 0{,}9$.

---

[1] Höher kann sie nicht werden. Die Berechnung ist nicht einfach.

Ist $\mathfrak{d}$ hingegen groß, etwa 6 oder mehr, so werden U_c und U_u nicht merklich höher als U. Das ist z. B. dann der Fall, wenn R groß gegen R_s ist.

Nötigenfalls kann man die auftretende Höchstspannung leicht mit Hilfe einer Glimmlampe messen, z. B. in der Schaltung nach Bild 44. Das geeichte Potentiometer mag etwa 1 MΩ haben; die Zündspannung der Glimmlampe wird vorher mit Gleichstrom gemessen. Man rückt den Schieber nach rechts, bis die Glimmröhre nicht mehr aufleuchtet. Das Verhältnis der rechten Hälfte des Potentiometers zu seinem ganzen Widerstande ist gleich dem Verhältnis der Zündspannung der Röhre zur gesuchten Höchstspannung.

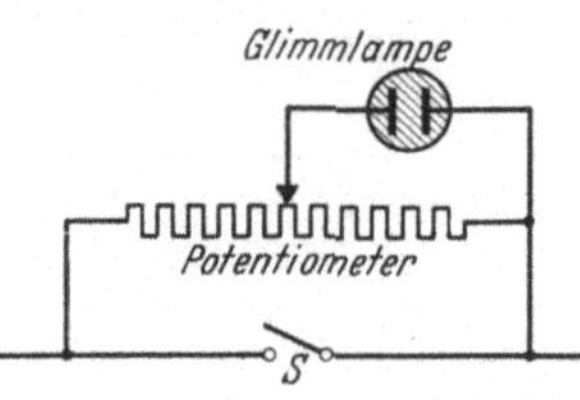

Bild 44. Messung der Überspannung mit Glimmlampe

Bei dieser Schaltung und überhaupt bei allen Löschschaltungen mit Kondensator tritt, wenn $\mathfrak{d}$ niedrig ist, eine meist erwünschte Nebenerscheinung ein: Die über L und C verlaufenden Schwingungen beseitigen den remanenten Magnetismus des Eisenkerns.

e) Dämpfung durch Entladestrecken. Ein gelegentlich sehr nützliches Mittel besteht in einer Glimmröhre, gefüllt mit verdünntem Edelgas. Ihre Zündspannung beträgt bei Neonfüllung 140 V, wenn die Kathode mit Barium bedeckt ist, sogar nur 70 V. Nötigenfalls sind zwei oder mehr Röhren in Reihe anzuwenden. Gewöhnlich wird man sie der Selbstinduktion parallel legen. Der Strom I, der ja im Augenblicke der Öffnung voll durch die Glimmröhre geht, darf ein gewisses von der Größe der Röhre abhängiges Maß nicht überschreiten, da sonst das Glimmlicht in Lichtbogen übergeht und unter Umständen die Röhre zerstört.

Man kann auch[1] Glimmlampe und Kondensator gleichzeitig anwenden, wobei beide parallel liegen oder erstere an der Selbstinduktion, letztere am Schalter. Mehr als die Summe der Einzelwirkungen ist dabei nicht zu erwarten.

f) Dämpfung durch Gleichrichter. Eine sehr elegante Schaltung besteht darin, der zu dämpfenden Selbstinduktion einen Gleichrichter so parallel zu legen, daß er zwar keinen merklichen Nebenschluß für den normalen Gleichstrom bildet, wohl aber den entgegengesetzten Induktionsstoß durchläßt. In Betracht kommen dafür wohl nur Trockengleichrichter. Auf eine Zelle eines solchen kann man etwa 10 V rechnen, so daß man für hohe Spannungen eine größere Anzahl in Reihe legen muß. Eine höhere als die Netzspannung kann dann nicht entstehen. Solche Geräte werden als Varistoren bezeichnet.

---

[1] DRP Nr. 624724 von S. & H.

3. Die Löschung des Selbstinduktionsfunkens durch einen Kondensator

a) Kondensator parallel zur Selbstinduktion. Das natürlichste Mittel, um den Stoß einer Selbstinduktion (,,Extrastrom'') aufzufangen und für den Schalter unschädlich zu machen oder wenigstens zu schwächen, besteht darin, der Selbstinduktion nach Bild 45 einen Kondensator parallel zu legen.

Er ist bei geschlossenem Schalter auf die Spannung $I \cdot R_s$ geladen. Sofern die Unterbrechung plötzlich geschieht, behält er auch einen Augenblick danach diese Spannung, so daß am Schalter nur die Spannung

$$U_u = U - I \cdot R_s = U \left(1 - \frac{R_s}{R + R_s} \right) \tag{24}$$

auftritt. Die Unterbrechung wird plötzlich, d. h. lichtbogenfrei, erfolgen, wenn I kleiner als der Grenzstrom i_u für die Spannung U_u ist.

Nach der Unterbrechung schwingt die in L aufgespeicherte magnetische Arbeit sich im Kreise LCR_s tot. Die Spannung u_c des Konden-

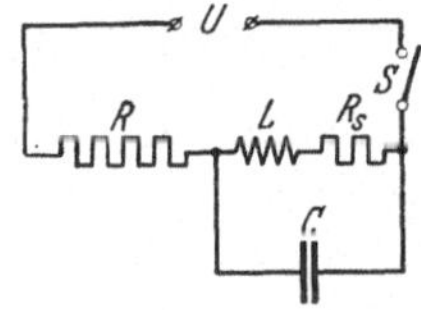

Bild 45. Kondensator
parallel zur Selbstinduktion

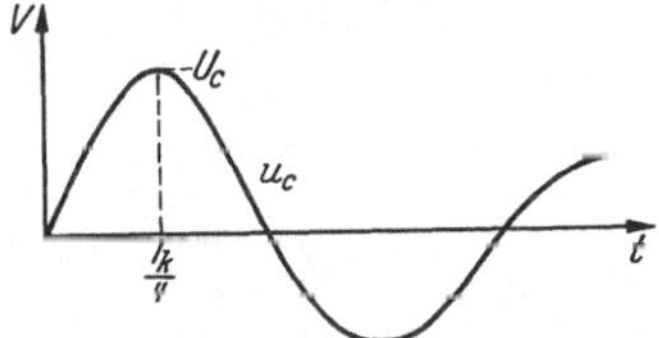

Bild 46. Spannung am Kondensator
in der Schaltung nach Bild 45

sators verläuft nach Bild 46. Für T_k und $\mathfrak{d}$ gelten die Gl. (1) und (2). Am Schalter entsteht die Höchstspannung $U_u = U + U_c$. Soll sie unter U_g bleiben, so ergibt sich bei kleinem $\mathfrak{d}$ durch Einsetzen von (21) (S. 41) in $U_u < U_g$:

$$C > \frac{I^2 \cdot L}{(U_g - U)^2} \,. \tag{25}$$

Zum Beispiel wäre für $L = 0{,}25$ H, $U = 60$ V, $I = 1$ A ungefähr $C = 4\ \mu$F, nötig.

Vergleicht man die Schaltungen nach Bild 42 und 45 miteinander unter der Voraussetzung, daß beide Male derselbe Magnet und dieselbe Stromstärke benutzt werden, so scheint U_u im zweiten Falle gemäß Gl. (24) niedriger und damit der löschbare Strom höher gemacht werden zu können als gemäß Gl. (20). In Wirklichkeit darf man aber mit Rücksicht auf den Schließungsfunken (vgl. S. 97) im zweiten Falle R nicht kleiner wählen als R_d im ersten Falle, und dann wird U_u für beide Schaltungen gleich hoch. Die erstere hat den meist ausschlaggebenden Vorteil, daß man $R = 0$, die Wicklung L dünndrahtiger und damit den Stromverbrauch niedriger machen kann. Die zweite Schaltung hat erstens den Vorteil, daß die Schwingungen nicht über das Netz gehen, in den Zuleitungen oder der Stromquelle enthaltene Selbstinduktionen daher nicht schädlich sind, und induktive Störungen vermieden werden; zweitens hat hier der Kondensator bei offenem Schalter überhaupt keine Spannung auszuhalten, bei geschlossenem nur den an R_s entstehenden Bruchteil. Man kann daher seine Gleichspannungsfestigkeit kleiner wählen.

Bedeutet L einen möglichst streuungsfreien Transformator, so ergibt sich fast die gleiche Löschwirkung, wenn man den Kondensator an dessen sekundäre Seite legt[1]. Dann kann er, wenn der Transformator hinauf übersetzt, entsprechend kleiner sein. Diese Schaltung wird z. B. für die Vibratoren verwendet, welche niedrige Gleichspannung durch Zerhacken und Gleichrichten in höhere umformen.

b) Schwingungskreis parallel zum Schalter (Bild 47). Auf den ersten Blick möchte man glauben, daß es (wenigstens für $R_c = 0$) gleichgültig sein müßte, ob der Kondensator C nach Bild 45 im Nebenschlusse zur Selbstinduktion L liegt oder zum Schalter S. In Wirklichkeit leistet letztere Schaltung weit

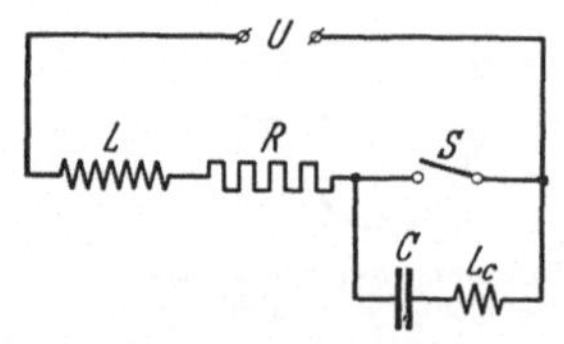
Bild 47. Ausschalten einer Selbstinduktion mit Schwingungskreis parallel zum Schalter

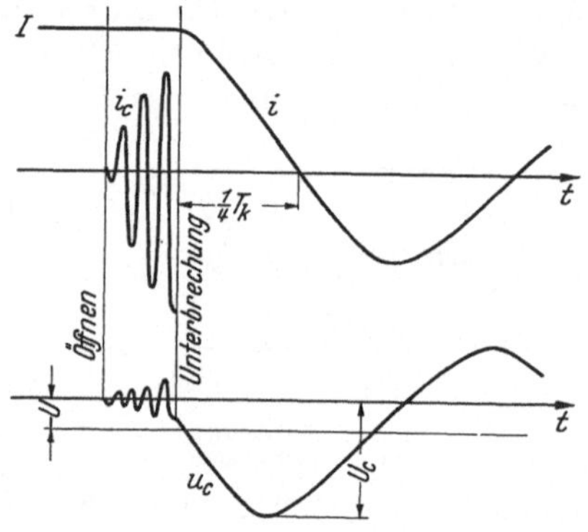
Bild 48. Vorgänge im Löschkreis nach Bild 47

mehr. Die Löschung erfolgt nämlich hier in derselben Weise wie nach Bild 30 mit Hilfe schneller Schwingungen, wozu noch wie bei a) die Aufnahme des Selbstinduktionsstoßes durch den Kondensator kommt.

So leicht wie bei einem Ohmkreise macht sich das Löschen allerdings nicht. Bild 48 zeigt ungefähr den zeitlichen Verlauf des Kondensatorstromes i_c im Schalter und des Hauptstromes i in L, der bis zur Unterbrechung die Stärke I besitzt, sowie der Spannung u_c des Kondensators.

Zunächst entstehen im Kreise SCL_c schnelle Schwingungen und löschen den Bogen am Schalter. Danach verläuft alles ganz ähnlich wie in der Schaltung nach Bild 42, nur daß das Dekrement $\mathfrak{d}$ wegen des Fehlens von R_d geringer ist.

Bei stärkeren Strömen und niedriger Frequenz des Löschkreises fordert die Entstehung der schnellen Schwingungen eine gewisse Länge des Lichtbogens, damit dessen negative Charakteristik zur Wirkung kommen kann. Infolgedessen beträgt im Augenblick der Löschung die

---

[1] DRP Nr. 414145 von E. v. Lepel.

Überschlagspannung weit mehr als U_g. Ungünstig ist aber dabei wieder, daß dann die schnellen Schwingungen auch eine gewisse Zeit zur Entwicklung brauchen, die Schaltstrecke dadurch heiß wird und wegen ihrer größeren Länge langsamer abkühlt.

Bei schwachen Strömen — etwa bis 2 A — gelingt die Unterbrechung mit fast ebenso kleinen Kondensatoren wie bei Ohmkreisen, wenn man den Schalter sehr schnell öffnet; es entstehen dabei unter Umständen hohe Überspannungen. In Hinblick auf die Zuverlässigkeit des Schaltens und die Beanspruchung der Isolationen wird man den Kondensator im allgemeinen lieber größer wählen.

Übrigens kann es geschehen, daß die Überspannung die Schaltstrecke durchschlägt, ohne daß dadurch die endgültige Unterbrechung vereitelt würde. Der Löschvorgang kann sich nämlich wiederholen und die abermals entstehende Überspannung die nunmehr längere Schaltstrecke nicht zu durchschlagen vermögen. Dieser Vorgang äußert sich für das Auge nur in einem stärkeren Unterbrechungsfunken, läßt sich aber im Drehspiegel beobachten.

Die Schaltung nach Bild 47 wird, ohne daß man bewußtermaßen eine Selbstinduktion L_c vorsieht, bei Funkeninduktoren mit WAGNERSchem Hammer oder Quecksilberunterbrecher angewandt, bei Tirrillreglern, in Schaltuhren (Schalterbauart z. B. nach Bild 58) usw.; C beträgt gewöhnlich 0,5 bis 2 μF. Hierher gehört auch jene Schaltung, die zur Erzeugung von Sprühentladungen u. a. in den Hochfrequenzheilgeräten benutzt wird: Die Selbstinduktion L ist ein Elektromagnet mit unterteiltem Eisenkern, der Schalter S sein Selbstunterbrecher, L_c die Primärspule eines

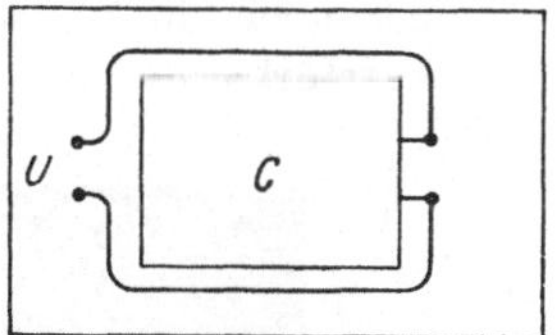

Bild 49. Schaltung des FIZEAU-Kondensators in kleinen Funkeninduktoren

Teslatransformators. Die bei der Unterbrechung entstehenden schnellen Schwingungen erzeugen in der Sekundärspule die gewünschte hochfrequente Hochspannung und löschen zugleich.

Der Löschkondensator ist auch dann, wenn $U < U_b$, erforderlich, wenn schnelle Unterbrechung verlangt wird, wie z. B. bei Funkeninduktoren. Sonst entsteht Lichtbogen oder Glimmlicht, und der Strom sinkt nur langsam auf Null. Hierfür hat FIZEAU den Löschkondensator erfunden. Die Mechaniker haben von jeher, vielleicht aus Erfahrung, den Kondensator nicht kurz an die Unterbrechungsstelle u (Bild 49) angelegt, sondern so wie dargestellt, so daß eine durchaus genügende Selbstinduktion entsteht. (Vgl. S. 32.)

Mit einem reichlich bemessenen Löschkreise kann man, ähnlich wie es auf S. 34 für einen Ohmkreis beschrieben ist, einen Bruchteil der löschbaren Stromstärke funkenfrei unterbrechen, etwa bis 2 A, und zwar auch dann, wenn zur Verminderung des Schließungsfunkens eine nicht unbeträchtliche Selbstinduktion L_c vorhanden ist.

4. Das Ausschalten eines Fernsprechrelais

Daß eine hohe Selbstinduktion, z. B. ein Relais, der ein Kondensator parallel liegt, zu schalten ist, kommt praktisch kaum vor, und die dabei auftretenden Vorgänge sind leicht zu überblicken. Sehr verwickelt sind sie aber, wenn zwischen Relais und Kontakt eine längere, kapazitiv belastete Leitung liegt; und das kommt in der Fernmeldetechnik ungeheuer oft vor.

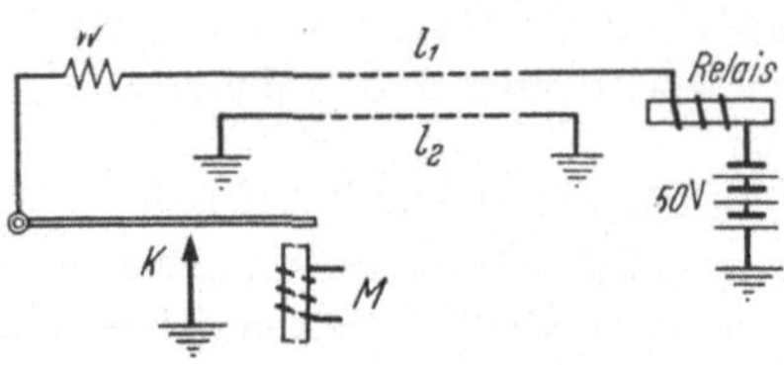

Bild 50. Ausschalten eines Fernsprechrelais

Diesen Fall hat [15] behandelt und darüber eine Reihe sehr schöner Oszillogramme aufgenommen[1]. Es waren dazu besonders empfindliche BRAUNsche Röhren erforderlich.

Das benützte Schaltungsschema zeigt Bild 50. Die Batterie liegt in Reihe mit dem normalen Fernsprechrelais und über die Leitung l_1 (in der sich noch ein Widerstand W von 0,4 bis 2 Ohm befindet, von dem der Verstärker für den Strom-Oszillographen abgezweigt ist) mit dem

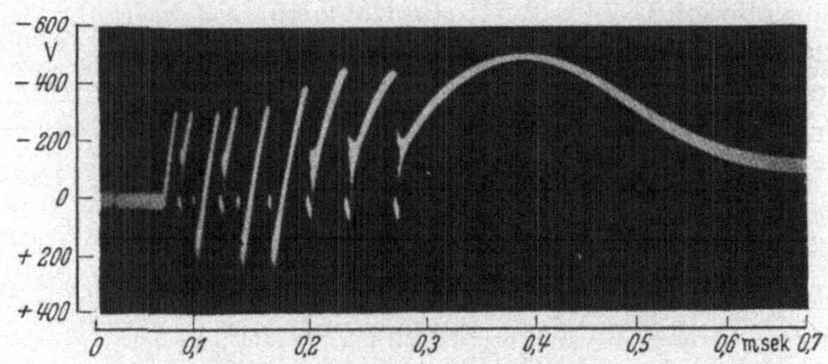

Bild 51. Spannung am Kontakt K von Bild 50 (nach CURTIS)

Kontakte K (Silber), den ein z. B. von-Hand geschalteter Magnet M steuert. Der Spannungs-Oszillograph liegt dem Kontakte parallel.

Wenn das alles wäre, würde beim Öffnen des Kontaktes und einem Strome von 0,25 A Glimmlicht entstehen. Nun liegt aber neben der Leitung l_1 im selben Kabel eine Leitung l_2, die an beiden Enden geerdet ist. In einem Beispiele ist $l_1 = l_2 = 30$ m. Die statische Kapazität zwischen beiden Leitungen berechnet sich zu etwa 300 pF. Aber es ist eben keine statische Kapazität, sondern eine dynamische, und l_1 wird

---

[1] Leider ist die zugehörige Beschreibung recht unklar und unvollständig.

dadurch zu einem antennenähnlichen Schwingungsgebilde. Das Spannungs-Oszillogramm beim Öffnen gibt Bild 51 wieder.

Beim Öffnen des Kontaktes entlädt sich die nächstgelegene, durch den noch fließenden Strom aufgeladene Kapazität der Leitung l_1, und der Strom ist stark genug, daß sich ein Lichtbogen bildet. Die Selbstinduktion des Relais (nicht etwa die Batterie) liefert Strom nach, es entstehen Schwingungen, die sich auf 5 A und über 400 V aufschaukeln, bis infolge des steigenden Kontaktabstandes die Entladung abreißt, die Spannung am Kontakte erst noch höher ansteigt und dann (über das Relais hinweg) langsam abfließt.

Die Frequenz der Schwingungen liegt in der Größenordnung von 5000, während die Eigenfrequenz der Leitung weit höher ist. Erstere nimmt während der beschleunigten Bewegung des Ankers ab, was kaum anders zu erklären ist, als daß zugleich Kippschwingungen vorliegen. Selbstverständlich greifen diese Schwingungen den Kontakt weit mehr an als ein einfacher Unterbrechungsfunken.

Bei Änderung der Länge von $l_1 l_2$ ändern sich die Erscheinungen beträchtlich; völlig aufgeklärt sind sie keineswegs. Eine besondere, bei diesen Untersuchungen gemachte Beobachtung (die kalte Punktentladung) wird auf S. 79 besprochen.

C. Besondere Löschschaltungen für Gleichstrom

Der Parallelkondensator ist zwar ein schaltungsmäßig einfaches Mittel, um den Gleichstromlichtbogen zu unterdrücken, reicht aber, wie oben gesagt, nur für mäßige Ströme aus, da die Schaltstücke die doppelte Aufgabe zu erfüllen haben, erst wie ein Poulsen-Generator Schwingungen zu erzeugen und dann als Löschfunkenstrecke zu wirken.

Umständlicher in der Schaltung, aber viel günstiger ist es, wenn man dem am Schalter zunächst entstehenden kurzen Lichtbogen einen anderweitig erzeugten entgegengesetzten Stromstoß überlagert. Das kann auf verschiedene Arten geschehen. Zweckmäßig bedient man sich dazu eines Kondensators, den man von der Netzspannung aufladen läßt. Einen Augenblick, nachdem der eigentliche Schalter unter Bildung eines Lichtbogens ein wenig geöffnet worden ist, wird durch einen Hilfsschalter der Kondensator so durch den Lichtbogen entladen, daß für einen Augenblick die Gesamtstromstärke im Lichtbogen Null beträgt und dieser erlischt.

Bild 52 zeigt die vollkommenste Schaltung[1] dieser Art. Der Umschalter S_u ist auf der oberen Seite mit kräftigen Kontakten für den Strom I versehen; die der unteren Seite können schwach sein. Während der Strom noch fließt (Schalter nach oben), lädt sich der Kondensator C über den hohen Widerstand R_a auf die Netzspannung. Legt man den

---

[1] DRP Nr. 260903 von W. Burstyn.

Schalter schnell um, so geht der Entladestrom i_k in verkehrter Richtung durch den Lichtbogen und löscht ihn. Die größte löschbare Stromstärke I läßt sich mit guter Annäherung nach der Gleichung

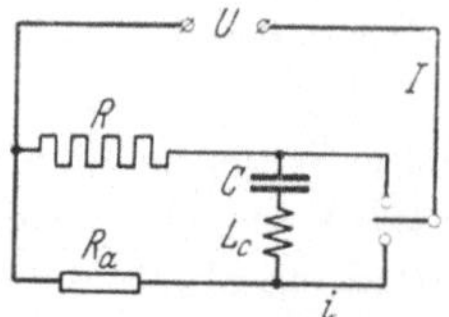
Bild 52. Löschung mit Umschalter

$$I = I_k = U \cdot \sqrt{\frac{C}{L_c}} = 2\pi \cdot f \cdot U\,C$$

berechnen, z. B. für

$$U = 220\,\text{V}, \qquad C = 0{,}1\,\mu\text{F},$$
$$L_c \cong 25 \cdot 10^{-6}\,\text{H}, \qquad f = 10^5 : I \cong 40\,\text{A}\,.$$

Für diesen Fall stellt Bild 53 den zeitlichen Verlauf der Ströme dar. Die Löschung findet schon nach längstens $\frac{1}{4}$ Periode statt, und die verfügbare Löschzeit ist viel länger als bei einem Wechselstrom gleicher Stärke *und Frequenz*. Zu ihrer Verlänge-

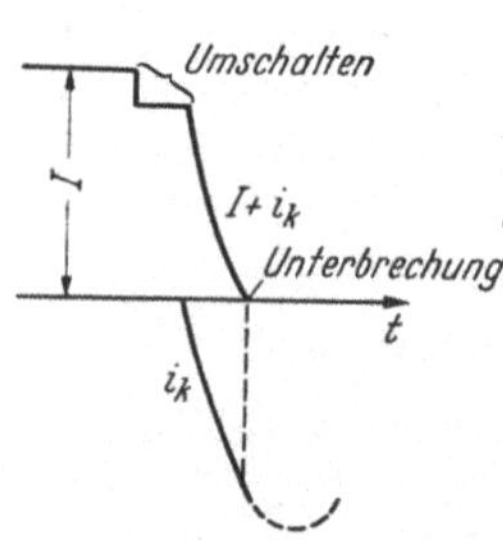

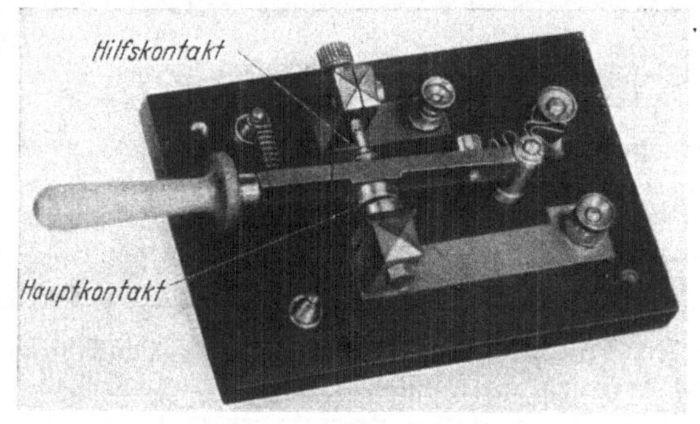

Bild 53. Ströme beim Ausschalten nach Bild 52

Bild 54.
Handschalter für Löschschaltung. (Etwa $^1/_3$ nat. Gr.

rung ist bei starken Strömen eine besondere Selbstinduktion L_c in den Kondensatorkreis einzufügen. Erfahrungsgemäß meistert der Schalter auch alle schwächeren Ströme als I_k.

Einen derartigen Handschalter für Versuchszwecke zeigt Bild 54, ein kleines Topfmagnetrelais Bild 55. Beide haben Silberkontakte. Mit letzterem läßt sich, obwohl die Schaltstücke nur einen Durchmesser von 3 mm besitzen, ein Strom von 20 A bei 440 V leicht unterbrechen, der sonst einen Lichtbogen von etwa $\frac{1}{2}$ m Länge bildet. Mit kräftiger gebauten Relais wurden starke Magnete von Erzseparatoren (440 V, 30 A) dreimal in der Sekunde ein- und ausgeschaltet. Auch für Funkeninduktoren lassen sich solche Schalter verwenden, besonders zur Erzeugung einzelner kräftiger Schläge.

Daß auch hohe Selbstinduktionen unterbrochen werden können, erklärt sich dadurch, daß der Kondensator C den Induktionsstoß aufnimmt und der Augenblick des Löschens mit Sicherheit auf einen bestimmten, ausreichenden Abstand der Kontakte verlegt werden kann, so daß die entstehende Überspannung die Schaltstrecke nicht mehr zu durchschlagen vermag.

Sollen zwei starke Ströme abwechselnd geschaltet werden, wie z. B. bei den Zweifarbenschaltern für Licht-reklame, so ist der Schalter sym-metrisch zu bauen. Der zweite Strom-weg ersetzt dabei zugleich den Wider-stand R_a.

Etwas anders ist die Schaltung[1] nach Bild 56. Ein Ladewiderstand R_s für den Kondensator ist entbehrlich. Die Löschung erfolgt erst nach $\frac{3}{4}$ Perioden der Entladungsschwingung,

Bild 55. Relais für Löschschaltung.
(Etwa $\frac{1}{3}$ nat. Gr.)

da diese erst verkehrte Richtung hat. Die Kontakte werden daher mehr erhitzt und die Löschwirkung ist etwas geringer. Auch verliert der Kondensator bei lang dauerndem Schluß des Schalters seine Ladung. Nur von letzterem Nachteil frei ist die sonst gleichwertige Schaltung[2] nach Bild 57. Hier ist zugleich eine andere Bauart des Umschalters angedeutet, die einen großen Schaltweg erlaubt, was für Relais nicht in Frage kommt.

Es ist möglich, einen Gleichstrom völlig funkenlos zu unterbrechen. Durch eine Schaltung ähnlich Bild 52 wird über den noch geschlossenen

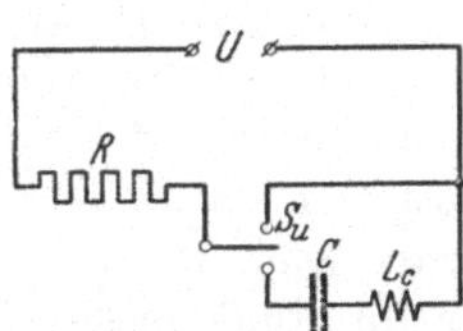

Bild 56. Löschschaltung mit Umschalter ohne Ladewiderstand für den Kondensator

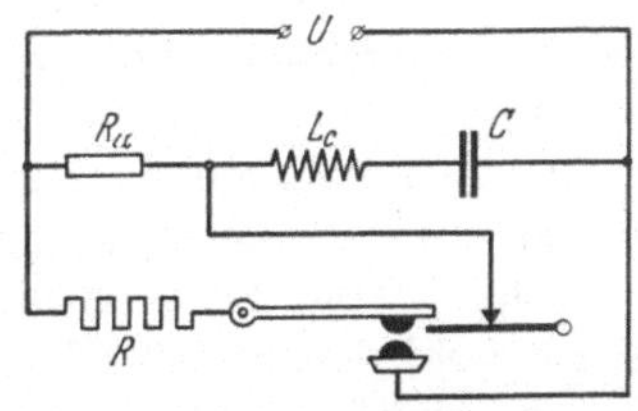

Bild 57. Löschschaltung der SSW

Schalter ein Kondensator entladen, und mit Hilfe einer elastischen Ver-zögerung der Schalter nach $\frac{1}{4}$ Periode der Entladungsschwingung, wenn die Summe beider Ströme ungefähr Null beträgt, plötzlich geöffnet. Schaltgeschwindigkeit und Stromstärken müssen dabei aufeinander ab-gestimmt sein[3].

Bei allen diesen Schaltungen ist es, wenn R selbstinduktionsfrei ist, nötig, eine kleine Drossel vorzulegen, um eine Dämpfung der Schwin-gungen über das Netz zu vermeiden.

---

[1] DRP Nr. 260 903 von W. Burstyn. — [2] DRP Nr. 615 623 der SSW.
[3] DRP Nr. 269 757 von W. Burstyn.

Das Ausschalten von Wechselstrom

A. Ohmkreis

Kreise, denen Energie aufspeichernde Elemente (Selbstinduktion und Kapazität) fehlen, die daher auch keine Phasenverschiebung aufweisen, verhalten sich bei Wechselstrom so wie ein Gleichstrom der *im Augenblick* herrschenden Spannung und Stromstärke. Die sinngemäße Anwendung der für Gleichstrom geltenden Gesetze gestattet daher, die bei Wechselstrom auftretenden Erscheinungen vorauszusagen. Selbstverständlich ist zu beachten, daß die Mittelwerte (U_m, I_m) mit $\sqrt{2}$ multipliziert werden müssen, um die Scheitelwerte (U_h, I_h) zu erhalten.

1. Scheitelspannung U_h unter der Lichtbogenmindestspannung U_b

Es läßt sich jede Stromstärke lichtbogenfrei ausschalten. Die beim Schalten hoher Stromstärken (Schweißen) zu beobachtenden Lichterscheinungen und das Verspritzen von Metalltropfen durch den explosionsartig entstehenden Metalldampf („Verdampfungsfunken") beruhen nur auf der Ohmschen Wärme, die im Übergangswiderstand entwickelt wird.

2. Scheitelspannung U_h unter der Glimmlichtspannung U_g

Hier hängen die zu beobachtenden Erscheinungen ganz davon ab, in welchem Augenblick, d. h in welcher Phase des Wechselstromes, die metallische Berührung der Schaltstücke aufhört.

a) Die Unterbrechung findet beim Nullwerte statt. Dann erfolgt sie unter allen Umständen lichtbogenfrei. Es ist möglich, Einrichtungen zu treffen, die das zwangläufig bewirken, indem sie die Unterbrechung bis zum richtigen Augenblick verzögern. Solche Einrichtungen sind naturgemäß auch für induktive Kreise anwendbar. Die älteste derartige Lösung ist wohl der BRAUNsche Morsetaster für Funkentelegrafie gewesen. Der eine Kontakt (Platiniridium) ist am Tasterhebel federnd befestigt und trägt einen Anker, den ein vom Wechselstrom gespeister Elektromagnet nach unten zieht, so daß er so lange an den anderen Kontakt gedrückt wird, bis (nach längstens $1/_{100}$ s) der Strom Null geworden ist. In ähnlicher Weise könnte man einen Handschalter magnetisch festhalten oder sperren, so daß er erst im Augenblick des Nullstromes geöffnet werden kann. Bei selbsttätigen Unterbrechern für Punktnaht-Schweißmaschinen (vgl. S. 54) wurde die Aufgabe derart gelöst, daß der Antrieb durch einen Synchronmotor erfolgt; er treibt mit geeigneter Übersetzung einen Walzenschalter an, der das Öffnen im stromlosen Zeitpunkt ausführt.

b) Die Unterbrechung findet nicht beim Nullwert statt. Ist in diesem Augenblicke die Stromstärke i kleiner als die Grenzstromstärke bei der

entsprechenden Spannung u, so geschieht die Unterbrechung plötzlich
und ohne Lichtbogen. Ist sie größer, so gibt es zunächst einen Lichtbogen. Die weiteren Vorgänge hängen ganz von den Umständen ab.
Wird der Schalter sehr rasch und weit geöffnet, so entsteht derselbe
Lichtbogen wie bei Gleichstrom und kann unter Umständen weiterbrennen und den Schalter zerstören. Öffnet man
ihn aber nur wenig oder langsam, so wirken die
Kontakte wie eine Löschfunkenstrecke, namentlich
wenn sie schwachkonvex sind und aus gut wärme-
leitendem Metall (Kupfer, Silber) bestehen[1]. Sie
kühlen und entionisieren beim nächsten Durchgang
des Stromes durch den Nullwert die Lichtbogen-
strecke so rasch, daß sie in einem kleinen Bruchteil
einer Periode ihre Leitfähigkeit völlig verliert und
die in der nächsten Viertelperiode langsam mit
verkehrtem Vorzeichen wieder ansteigende Spannung sozusagen eine kalte Funkenstrecke vorfindet.
Die zu durchschlagen vermag aber nur eine Spannung, die schon beim kürzesten Abstande größer
als U_g sein müßte. Nach amerikanischen Versuchen
mit Messingschaltstücken ist z. B. bei einem Strom
von 300 A die Durchschlagfestigkeit von 1,6 bzw.
3,2 mm schon 0,1 bzw. 0,25 Tausendstel einer Sekunde nach dem Nulldurchgang auf 500 V gestiegen.
Die längere Strecke entionisiert sich also langsamer.

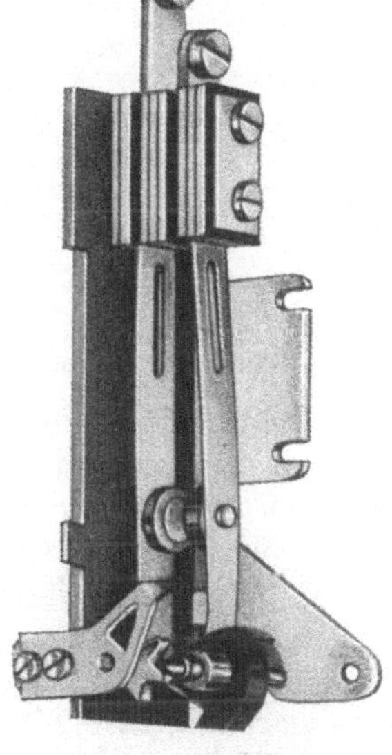

Bild 58. Wechselstrom-
schalter aus einer
Schaltuhr

Mit einem solchen Schalter (z. B. nach Bild 54,
jedoch ohne den Hilfskontakt) kann man Wechsel-
ströme bis zu 100 A und darüber mit einem Schaltwege von 0,5 bis 2 mm
leicht unterbrechen. Zu klein darf man den Hub mit Rücksicht auf
mechanische Ungenauigkeiten und Schmelzperlen (Zusammenschweißen
des Kontaktes) nicht machen. Von Bedeutung sind derartige Wechsel-
strom-Löschschalter weniger als Handschalter, mehr für Relais, Schaltuhren, Schweißmaschinen und ähnliche Unterbrecher, bei deren Antrieb
man mit möglichst wenig Kraft und Weg auskommen will. Sie sind
jetzt in aller Welt in Verwendung.

Bild. 58 zeigt z. B. in fast natürlicher Größe einen derartigen Schalter
für 25 A aus einer Schaltuhr[2], der von dem unten sichtbaren Sternrädchen
gesteuert wird und zum täglichen Ein- und Ausschalten von Beleuch-
tungsstromkreisen dient.

---

[1] DRP Nr. 294729 von W. Burstyn.

[2] Der P. Firchow Nachf. G. m. b. H., Berlin. Ähnlich sind die Schalter in den
Wechselstromschaltuhren der SSW gebaut.

3. Scheitelspannung U_h über der Glimmlichtspannung U_g

a) Strom unter der Grenzstromstärke. Hier ist natürlich die in Bild 27 punktiert angedeutete Verlängerung der Kennlinie maßgebend. Wird der Schalter nur sehr wenig geöffnet, so daß die Schaltstrecke von der Spannung durchschlagen werden kann, so erfolgt in jeder halben Periode

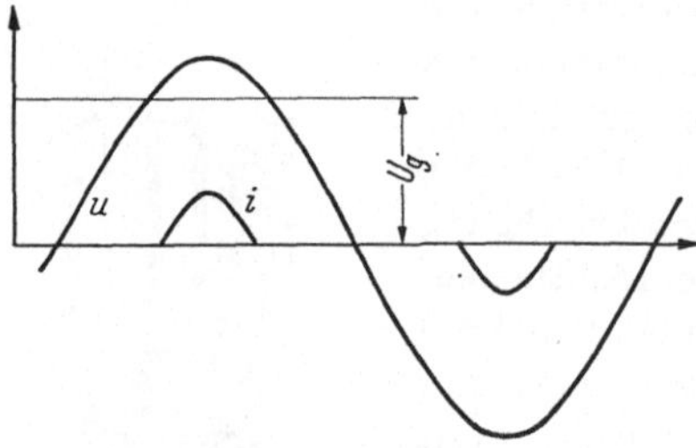

Bild 59. Glimmlicht bei Wechselstrom

ein Durchschlag. In Bild 59 bedeutet u die Wechselspannung. Von ihr schneidet die Gegenspannung U_g des Glimmlichtes Kuppen ab. Während der ihnen entsprechenden Zeit fließt der Strom i. — In Wirklichkeit ist die Durchschlagsspannung des Schalters höher als U_g; ferner erfolgt der Einsatz des Glimmlichtes bei merklich höherer Spannung als das Erlöschen und die Kuppen werden unsymmetrisch. — Danach ist ohne weiteres verständlich, daß erst bei einem etwas größeren Hube eine volle Unterbrechung zustande kommt und daß bei langsamer Öffnung des Schalters vor der Unterbrechung erst ein Durchschlag oder mehrere erfolgen, gleichgültig in welchem Augenblick der Periode der Schalter geöffnet wurde.

b) Strom über der Grenzstromstärke. Das ist der gewöhnliche Fall der Starkstromtechnik. Wird der Schalter sehr schnell gerade im Nullpunkt geöffnet, wie oben unter 2a) beschrieben, so gelingt eine lichtbogenfreie Unterbrechung. Sonst aber, also in der Regel, zieht sich bei *schneller* weiter Öffnung des Schalters fast ebenso wie bei Gleichstrom ein Lichtbogen, der auch stehenbleiben kann, wenn der Hub nicht hinreichend groß ist. — Wenn man den Schalter aber wenig oder langsam öffnet, kann man, wie unter 2b) beschrieben, starke Ströme selbst bei Spannungen von 500—1000 V unterbrechen.

Nach [4] soll bei induktionsfreier Last (die verwendete Spannung ist nicht genannt) der erforderliche Schaltweg genau proportional der Stromstärke sein und z. B. für 200 A etwa 8 mm betragen. Nach den Erfahrungen des Verfassers, die nur bis 80 A reichen, kann bei 500 V und völlig induktionsfreier Last der Schaltweg beliebig kurz sein, und nur das Auftreten von Schmelzperlen an den Schaltstücken und die Überschlagspannung zwingen zu einem Mindestabstand von etwa 0,5 mm, bei dem im übrigen die Abnutzung der Schaltstücke geringer ist als bei längeren Lichtbögen. Das ist auch zu erwarten, da Überspannungen nicht auftreten und die Löschwirkung bei kleinem Abstande am stärksten ist. Damit stimmen die Erfahrungen an den Löschfunkenstrecken der Funkentelegrafie überein, wo für noch stärkere Ströme und viel höhere Frequenzen ein Plattenabstand von 0,1 mm angewandt wird.

Bei noch höheren Spannungen kann man eine Anzahl solcher Schalter in Reihe legen, die durch eine geeignete Vorrichtung gleichzeitig oder (weniger günstig) schnell nacheinander geöffnet werden.

B. Induktiver Kreis

Ähnlich wie bei Gleichstrom erschwert die Selbstinduktionsenergie wesentlich das Ausschalten. Eine Selbstinduktion L (Bild 60), deren Widerstand R zu vernachlässigen ist, z. B. die Primärspule eines offenen Transformators, liege an der Wechselspannung u. Strom i und Spannung u haben nach Bild 61 eine Phasenverschiebung von 90° gegeneinander.

Wir wollen zunächst annehmen, daß die Scheitelspannung U_h des Wechselstromes unter oder nicht viel über der Glimmspannung U_g liegt, die Stromstärke reichlich über der Grenzstromstärke.

Wird der Schalter im Augenblick t_1 des Stromes 0 plötzlich weit oder wenig geöffnet, z. B. zwangläufig nach S. 50, a) so findet eine glatte Unterbrechung statt. Denn die wenn auch jetzt ihren Höchstwert besitzende Spannung kann die entstandene kalte Funkenstrecke nicht durchschlagen. Im allgemeinen aber muß man mit dem ungünstigsten Falle, rechnen,

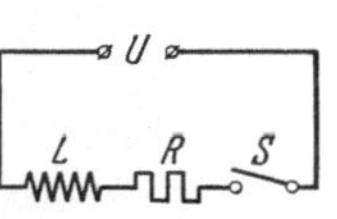

Bild 60. Ausschalten einer Selbstinduktion bei Wechselstrom

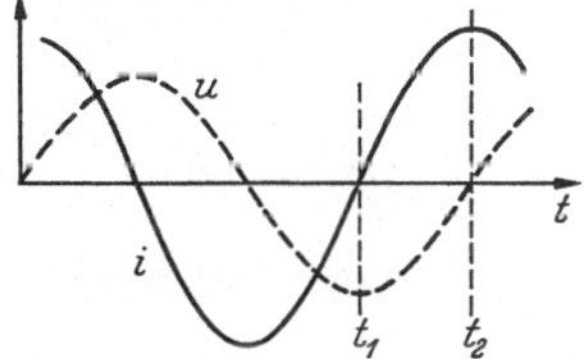

Bild 61. Strom und Spannung beim Ausschalten nach Bild 60

nämlich einer Unterbrechung im Augenblick t_2 des größten Stromes. Wird hier der Schalter schnell und weit geöffnet, so erhält man einen Unterbrechungslichtbogen fast wie bei Gleichstrom. Wird er langsam oder nur wenig geöffnet, so brennt der Lichtbogen zunächst bis zum folgenden Stromminimum. Jetzt, etwas vor und hinter dem Minimum, findet die Entionisation des Lichtbogens statt, welche eine gewisse Zeit erfordert. Ihre Dauer hängt von der Art und Öffnungsweite des Schalters, insbesondere aber von der vorangegangenen Stromstärke ab. Zu dieser Zeit sucht die eben im Maximum befindliche Spannung die bisherige Stromrichtung umzukehren, also aus der bisherigen Anode eine Kathode zu machen. Ein Lichtbogen in verkehrter Richtung kann aber bei der angenommenen Spannung nur zünden, wenn die Entladungsstrecke noch sehr heiß ist. Die Zeit zur Abkühlung ist freilich viel geringer als bei einem Ohmkreise. Immerhin läßt sich noch ein offener Transformator von einigen kW bei 380 V und 10 A Leerlaufstrom mit einem Schaltweg von 1 mm ausschalten, und nach [4] geht dies bis 150 V für beliebige Ströme mit etwas größerem Schaltwege.

4*

Bleibt die Scheitelspannung U_h unter der Lichtbogenmindestspannung U_b, so macht dies keinen grundsätzlichen Unterschied, weil die Selbstinduktion den Strom aufrechthält. Es wird also auch bei niedrigen Spannungen, wenn die Unterbrechung nicht gerade im günstigsten Augenblick erfolgt, ein Funken entstehen.

Übersteigt die Scheitelspannung U_h die Glimmspannung U_g wesentlich, so erhält man mit schwachem Strom ähnliche Erscheinungen wie

Bild 62. Wechselstromrelais mit Löschkontakt (AEG)

bei einem Ohmkreise; bei starkem Strom müssen die Gewaltmittel der Starkstromtechnik in Anwendung kommen.

Ist R in Bild 60 nicht zu vernachlässigen, beträgt also die Phasenverschiebung merklich weniger als 90°, so nähern sich die Verhältnisse denen bei einem Ohmkreise.

Günstig für das Ausschalten von Transformatoren ist der Umstand, daß im unbelasteten Zustand, wenn die Phasenverschiebung groß ist und sie den Charakter einer Selbstinduktion haben, der Strom klein ist. Mit zunehmender Stromstärke verschwindet die Phasenverschiebung immer mehr, und die Verhältnisse gleichen denen eines Ohmkreises. Daher lassen sich Relais nach dem oben genannten DRP Nr. 294729 dazu benutzen, um bei elektrischen Schweißmaschinen den selbst 50 bis 100 A betragenden Primärstrom des Schweißtransformators einige Male in der Sekunde zu unterbrechen, wie das für Punktnahtschweißung verlangt wird. Die Schaltstücke bestehen aus Kupferklötzen von etwa 20 mm ⌀ und machen einen Hub von wenigen Millimetern. Desgleichen werden solche Relais angewandt, um bei Punktschweißmaschinen den Primärstrom auszuschalten, sobald nach vollendeter Schweißung der Strom einen einstellbaren Wert erreicht hat, der nicht überschritten werden soll. Bild 62 zeigt ein derartiges Relais der AEG.

C. Kapazitiver Kreis

Weit unterhalb der Glimmspannung U_g ist nichts besonderes zu beobachten. Bei höheren Spannungen, z. B. 220 V, addiert sich die beim Aufhören der metallischen Berührung verbleibende Restladung des Kondensators zu der in der nächsten Halbperiode verkehrten Spannung des Netzes und bewirkt bei langsamer Öffnung des Schalters einen Durchschlag der Schaltstelle. Die Umladung wiederholt sich, und es entsteht am Schalter ein knatternder Lichtbogen, der erst bei genügender Öffnung aufhört. Stärker und unangenehmer ist diese Erscheinung bei noch höheren Spannungen. Eine ausführliche Beschreibung davon siehe in [5].

Das Einschalten von Stromkreisen

A. Vorbemerkung

Die Vorgänge beim Einschalten von Strömen sind weniger als die beim Ausschalten vom Stoffe der Schaltstücke abhängig, sofern man von den Übergangswiderständen absieht. Diese sowie sonstige Störungen, die beim Ein- und Ausschalten auftreten, sollen erst später behandelt und vorläufig nur jene Vorgänge betrachtet werden, die durch die Eigenschaften des geschalteten Stromkreises bedingt sind. Es ist dabei etwa ein Silberschalter vorausgesetzt, der mit reichlicher Kraft bewegt wird.

B. Das Einschalten von Gleichstrom

1. Ohmkreis

Liegt die Netzspannung U unterhalb der Glimmspannung U_g, so erfolgt der Stromschluß erst im Augenblick der metallischen Berührung und daher so gut wie augenblicklich in voller Stärke. Ein Schließungsfunken braucht grundsätzlich nicht aufzutreten; bei starken Strömen kann aber infolge des Übergangswiderstandes das Metall an der Schaltstelle schmelzen und sogar verspritzt werden. Das hat unter Umständen auch ein Zusammenschweißen der Schaltstücke zur Folge.

Ist $U > U_g$, so findet schon vor der Berührung ein Überschlag statt, der sich als Glimmlicht oder Lichtbogen ausbildet je nach der verfügbaren Stromstärke, die natürlich durch die gegenelektromotorische Kraft U_g bzw. U_b geschwächt ist.

2. Induktiver Kreis

Wird ein induktiver Kreis nach Bild 60 eingeschaltet, so steigt zunächst die Stromstärke (Bild 63) nach dem Gesetze

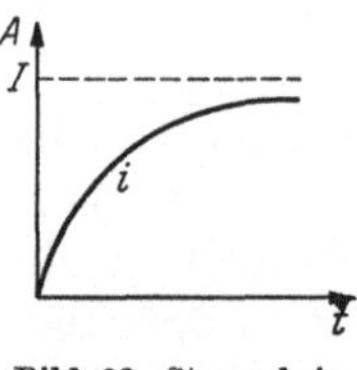

Bild 63. Strom beim
Einschalten eines
induktiven Kreises

$$i = I \cdot \left(1 - e^{-\frac{R}{L}t}\right) \qquad (26)$$

von Null an bis zu dem durch den Ohmschen Widerstand R bedingten Werte I. Da zugleich der Schaltdruck steigt, also der Übergangswiderstand sinkt, kommt es weniger leicht zu einem Einschaltfunken als bei Ohmkreisen.

Für $U > U_g$ bewirkt das langsame Ansteigen des Stromes, daß im Augenblick des Überschlags erst Glimmlicht auftritt. Ob daraus in der kurzen Zeit bis zur metallischen Berührung ein Lichtbogen wird, hängt von den Umständen ab.

3. Kapazitiver Kreis

Wird ein Kondensator C (Bild 64) in Reihe mit einem Widerstand R an eine Gleichspannung $U < U_g$ gelegt, so hängt der im ersten Augenblick entstehende Ladestrom I (Bild 65) nur von R ab, da der ungeladene Kondensator zunächst einen Kurzschluß bedeutet. I kann daher unter Umständen sehr hoch werden und Anschmelzen oder Zusammenschweißen der Schaltstücke bewirken[1].

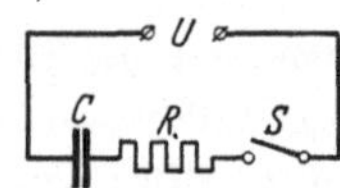

Bild 64. Einschalten
eines kapazitiven
Kreises

$$i = I \cdot e^{-\frac{t}{R \cdot C}}. \qquad (27)$$

Die im voll geladenen Kondensator aufgespeicherte Arbeit beträgt

$$A_c = \tfrac{1}{2} C \cdot U^2 = \tfrac{1}{2} Q \cdot U.$$

Der Stromquelle ist aber die doppelte Arbeit

$$A_u = Q \cdot U$$

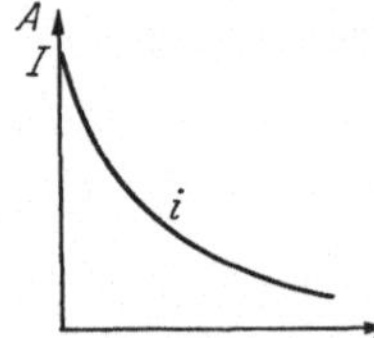

Bild 65. Strom beim
Einschalten eines
kapazitiven Kreises

entnommen worden. Somit hat sich die andere Hälfte der Arbeit in den Widerständen des Kreises in Wärme verwandelt. Das gilt auch dann, wenn sie sich während des Ladevorganges ändern. Fehlt ein besonderer Widerstand R, so verteilt sich die Verlustarbeit auf die unvermeidlichen Widerstände, nämlich die Zuleitungen, den inneren Widerstand des Kondensators und den Übergangswiderstand im Schalter. Auf letzteren wird der Hauptanteil fallen, da ja er und der Strom bei der ersten Berührung am größten sind.

---

[1] Für gewisse Schweißverfahren wird das benützt.

Wenn $U > U_g$, beginnt die Ladung des Kondensators schon vor der Berührung, je nach der Größe von R als Glimmlicht oder als mehr oder weniger starker und demgemäß kurzdauernder und knallender Lichtbogen. Ist der Ladungskreis aperiodisch und schließt man den Schalter sehr langsam, so erlischt der Ladefunken, bevor der Kondensator die volle Spannung U erreicht hat, nämlich in dem Augenblicke, wo die wirksame Ladespannung $U - u_c$ kleiner geworden ist als die augenblickliche Überschlagspannung der Schaltstrecke oder — infolge des je nach Umständen verschiedenen Löschverzuges — ein wenig später. Erst bei der wirklichen Berührung erfolgt die restliche Ladung, wobei abermals ein Schließungsfunken entstehen kann.

4. Schwingungskreis

Liegt in Bild 64 vor dem Kondensator anstatt des Widerstandes R eine wenig gedämpfte Selbstinduktion L (z. B. nur die Zuleitungen), so vollzieht sich die Ladung in Form einer gedämpften Schwingung (Bild 66) mit der Schwingungsdauer

$$T_k = 2\,\pi\,\sqrt{C \cdot L}$$

und der Stromamplitude

$$I = U\,\sqrt{\frac{C}{L}}. \tag{28}$$

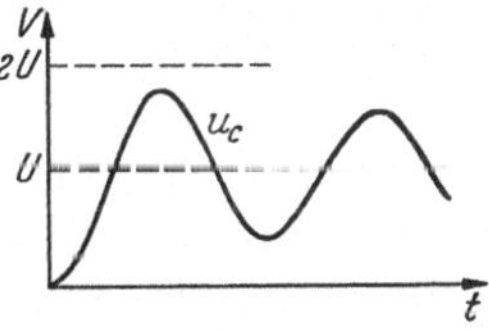

Bild 66. Spannung beim Einschalten eines Schwingungskreises

Die Spannung u_c am Kondensator erreicht dabei vorübergehend fast $2\,U$. Auch hier geht im Kreise und hauptsächlich im Ladungsfunken die Arbeit $\frac{1}{2}\,C \cdot U^2$ als Wärme verloren.

5. Entladen eines Kondensators

Entlädt der Schalter einen auf die Spannung U geladenen Kondensator über einen Widerstand R oder eine Selbstinduktion L, so verhält sich der Entladungsstrom genau so wie der Ladestrom in den Fällen 3) bzw. 4).

Bei Papierkondensatoren, besonders minderwertigen, kann man dabei folgende Beobachtung machen: Schließt man den Schalter nur auf einen Augenblick, der aber zur völligen Entladung hinreichen müßte, und schließt ihn nach einigen Sekunden nochmals, so erhält man wieder einen Schließungsfunken, der allerdings viel schwächer ist. Ursache der Erscheinung ist die sog. „Restladung" des Kondensators infolge seines ungleichmäßigen Dielektrikums.

Häufig ist der Fall, daß ein Kondensator über einen Aufladewiderstand am Netze liegt und durch den Schalter entladen wird, z. B. in der Löschschaltung nach Bild 52. Der dabei zusätzlich geschlossene Gleichstrom ist in der Regel viel schwächer als der Entladestrom des Kondensators und macht sich daher kaum bemerkbar. Noch weniger ist das der Fall, wenn im Gleichstromkreis eine beträchtliche Selbstinduktion liegt, weil die Kondensatorentladung eher abgeklungen sein wird, als der Gleichstrom seinen vollen Wert erreicht hat.

6. Kippschwingungen

Besondere Erscheinungen treten ein, wenn die Betriebsspannung $U > U_g$, die Stromstärke nur für Glimmen ausreicht und dem Schalter ein Kondensator parallel liegt (Bild 67). Wir wollen annehmen, der Schalter sei ein wenig geöffnet, auf einen so kleinen Abstand, daß die entsprechende Zündspannung (s. Bild 28) U_1 kleiner als U ist. Nun werde plötzlich die Spannung U angelegt. Der Kondensator lädt sich über den Widerstand R nach der Gl. (27) (S. 56) auf (erstes Stück der Kurve in Bild 68) und würde endlich (strichpunktierte Fortsetzung der Kurve) die Spannung U erreichen. Sobald er aber, im Zeitpunkt 1, auf die Spannung U_1 gelangt ist, entlädt er sich über die Funkenstrecke a von s, aber nur bis zur Löschspannung U_2, wird sofort wieder nachgeladen, entlädt sich im Zeitpunkte 2 wieder, usw. Es entstehen Schwingungen von der Dauer T[1], die „sägezahnförmigen" Kipp- oder Relaxationsschwingungen, wie sie z. B. in der Fernsehtechnik benützt werden, nur

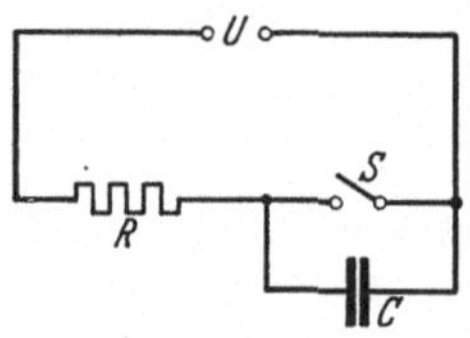

Bild 67. Erzeugung von Kippschwingungen

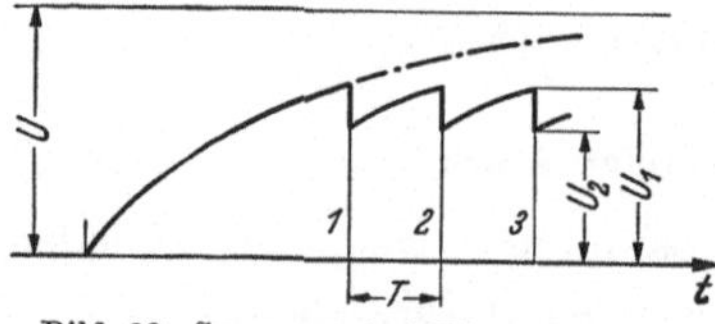

Bild 68. Spannung bei Kippschwingungen mit Glimmlicht

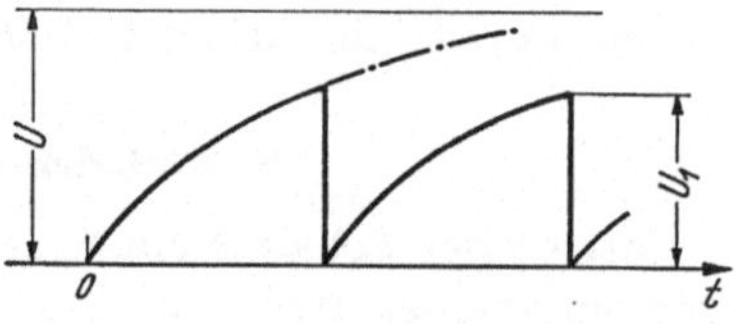

Bild 69. Spannung bei Kippschwingungen mit Lichtbogen

daß dort eine Glimmröhre als Entladestrecke dient. Die Frequenz $f = \dfrac{1}{T}$ kann weit über 1000 betragen. Als Kapazität C kann schon die der Zuleitung genügen, besonders wenn sie bifilar sind.

Voraussetzung dafür, daß der Vorgang in der beschriebenen Weise abläuft, ist, daß auch die Entladung aus Glimmlicht besteht, also durch den Widerstand der Entladestrecke (oder einen in Reihe mit C liegenden Widerstand) unter die Grenzstromstärke herabgesetzt wird. Andernfalls bildet sich ein Lichtbogenfunken, der den Kondensator fast völlig ent-

---

[1] Die Schwingungsdauer beträgt $T = C \cdot R\,[\ln(U - U_1) - \ln(U - U_2)]$.

lädt, wie es Bild 69 darstellt. Die Periode ist dann unter sonst gleichen Umständen wesentlich länger als im ersten Falle. Dieser Vorgang entspricht genau den Knallfunken, die eine von einer Elektrisiermaschine aufgeladene Leidenerflasche liefert.

Etwas unübersichtlicher, aber ähnlich, werden die Erscheinungen, wenn in Reihe mit R oder aber mit C eine Selbstinduktion liegt.

Wird unter den eingangs genannten Bedingungen der Schalter S geschlossen (oder geöffnet), namentlich langsam oder nur wenig, so durchläuft er immer solche Abstände a, bei denen Kippschwingungen entstehen. Für den Schaltvorgang sind sie nicht wesentlich, durften aber nicht übergangen werden.

C. Das Einschalten von Wechselstrom

1. Ohmkreis

Unterhalb der Glimmspannung U_g sind die Vorgänge nicht anders als bei Gleichstrom. Ist aber $U_h > U_g$, so tritt die an Hand von Bild 59 beschriebene Erscheinung ein.

2. Induktiver Kreis, $U_h < U_g$

Die Vorgänge sind sehr verschieden, je nachdem, in welchem Augenblick das Einschalten stattfindet. Wir betrachten zunächst eine widerstands- und eisenfreie Selbstinduktion, bei der im Dauerzustand der Strom um 90° der Spannung nacheilt. Erfolgt das Einschalten nach Bild 70 im Augenblick t_0 des Spannungsmaximums, so tritt sofort der endgültige Zustand ein.

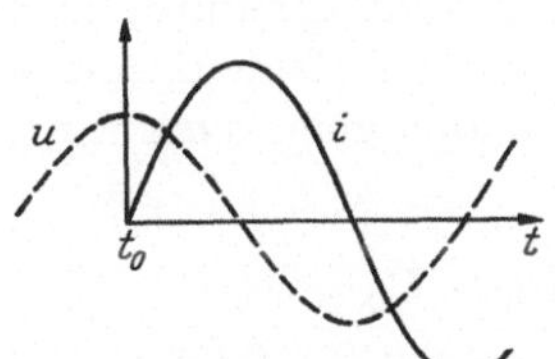

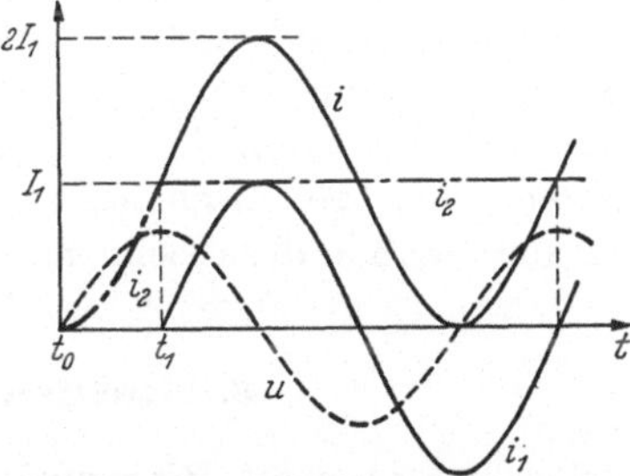

Bild 70. Einschalten eines induktiven Kreises im Spannungsmaximum

Bild 71. Einschalten eines induktiven Kreises im Spannungsminimum

Anders, wenn nach Bild 71 das Einschalten im Augenblick t_0 des Spannungsminimums geschieht. Man kann dann den entstehenden Strom i auffassen als zusammengesetzt aus einem Strom i_1, der im Augenblick t_1 beginnt und jenem von Bild 70 entspricht, und einem Strom i_2, der von der zwischen t_0 und t_1 liegenden Viertelwelle der Spannung herrührt. Er steigt sinusförmig bis zum Wert I_1 an und fließt dann in voller Stärke weiter. Der Gesamtstrom i schwankt daher zwischen $2 I_1$ und 0.

Infolge der Widerstände im Kreise verschwindet der Gleichstrom i_2 bald, und es verbleibt nur der Wechselstrom i_1.

Weniger harmlos ist der Vorgang bei eisengeschlossenen Spulen. Einer sinusförmigen Spannung entspricht eine sinusförmige Magnetisierung, aber ein sinusförmiger Strom nur so lange, als die Magnetisierung B der magnetisierenden Feldstärke H und somit dem Strom i proportional ist. In Bild 71 ist daher jetzt statt I_1 die Magnetisierung B einzusetzen.

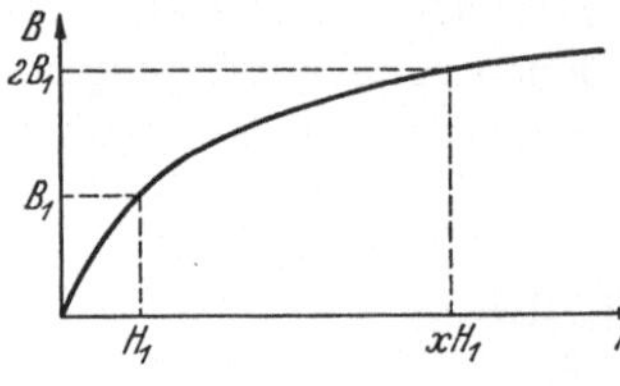

Bild 72. Magnetisierungskurve

Ihre Abhängigkeit von H zeigt die bekannte Magnetisierungskurve (Bild 72). Dem endgültigen Wechselstrom I_1 entspricht die Feldstärke H_1 und der Magnetismus B_1. Zur doppelten Magnetisierung $2\,B_1$ gehört aber die Feldstärke $x\cdot H_1$ und demnach ein viel stärkerer Strom i als nach Bild 71. Diese hohen Stromspitzen klingen erst nach vielen Perioden ganz ab. Noch schlimmer wird es, wenn, wie in der Regel bei Transformatoren, schon B_1 nahe der Sättigung liegt und $2\,B_1$ sie weit überschreitet. Die Kraftlinien der Spule müssen dann zum großen Teil neben dem Eisen durch Luft gehen.

Liegt vor der Selbstinduktion ein beträchtlicher Ohmscher Widerstand, so sind diese Erscheinungen viel weniger ausgeprägt. Bei großen Transformatoren aber kann die Zahl x leicht 50 und mehr betragen und muß durch Vorschaltwiderstände, die man nachträglich kurzschließt, herabgesetzt werden, damit das Einschalten nicht Zerstörungen verursacht. [5] behandelt diese Vorgänge ausführlich.

Bei kleinen Transformatoren und bei Drosseln und Magneten mit Luftspalt ist der Stromstoß nicht so hoch. Eine Verstärkung kann er noch dann erfahren, wenn der Eisenkern vorher remanenten Magnetismus solcher Richtung besaß, daß sie beim Einschalten zufällig umgekehrt wird.

3. Induktiver Kreis, $U_h > U_g$

Bei sehr langsamer Bewegung des Schalters beginnt der Einschaltvorgang mit einem überspringenden Funken, somit zwangläufig im Augenblick des Spannungsmaximums und nach 2) ohne Überstrom. Die erforderliche Langsamkeit des Schalters ergibt sich daraus, daß er für die Strecke von der Überschlagweite bis zur Berührung mindestens eine Viertelperiode brauchen müßte, was selbst bei 1000 V einer Geschwindigkeit von nur 50 mm/s entspricht. Praktisch wird sich also der Fall 3) vom Falle 2) nicht merklich unterscheiden.

4. Kapazitiver Kreis, $U_h < U_g$

Erfolgt das Einschalten eines Kondensators ohne Vorschaltwiderstand im Augenblick des Spannungsminimums, so erhält er — ähnlich wie für die eisenfreie Selbstinduktion unter 2) beschrieben — eine zusätzliche Gleichstromladung und hat daher nach einer halben Periode die doppelte Spannung, die erst nach einigen Perioden auf die normale Spannung abklingt. Der Strom erreicht vorübergehend das Doppelte des endgültigen Wertes. Das wird einem Schalter kaum schaden. Findet aber, wie in der Regel, das Einschalten in einem anderen Augenblick statt, so sind die Ladestromstöße so groß wie bei Gleichstrom der augenblicklichen Spannung. Vorschaltwiderstände mildern sie, wie immer. — Eine Sättigungserscheinung gibt es hier nicht.

5. Kapazitiver Kreis, $U_h > U_g$

Im allgemeinen wird ein Überschlag noch vor der Berührung stattfinden. Umgekehrt wie bei einem induktiven Kreise hat er aber eine schädliche Wirkung, indem sich der (widerstandslose) Kondensator wie bei Gleichstrom mit einem knallenden Funken auflädt. Wenn bis zum endgültigen Schluß des Schalters weitere Zeit vergeht, kann sich der Kondensator unter jedesmaligen starken Stromstößen und entsprechendem Schaltfeuer wiederholt umladen. Eine ausführliche Schilderung des Vorgangs gibt [5].

6. Schwingungskreis

Resonanzerscheinungen spielen für den ersten Einschaltvorgang keine Rolle, da ihre Ausbildung mehrere Perioden erfordern würde. Vielmehr wirken Selbstinduktion und Kapazität in Reihe so, als ob nur erstere vorhanden wäre; so als ob nur letztere vorhanden wäre, wenn sie im Nebenschlusse zueinander liegen.

Übergangswiderstände

A. Allgemeines

Bisher haben wir die Vorgänge beim Ein- und Ausschalten so betrachtet, als ob ein Schalter oder überhaupt ein Kontakt keinen merklichen Übergangswiderstand hätte. In der Tat sind aber solche immer vorhanden; auch bei Schleifkontakten (Kollektor, Schleifring) treten sie auf. Oft freilich sind sie gegenüber den sonstigen im Kreis vorhandenen Widerständen so klein, daß sie den Strom nicht merklich schwächen. Doch können sie auch dann bei starken Strömen durch die von ihnen hervorgerufene Erwärmung stören.

Merkwürdig ist die enge Beziehung zwischen der mechanischen Reibung und dem Übergangswiderstande, die darauf beruht, daß für beide dünne Oberflächenschichten maßgebend sind. Mit steigendem Druck steigt die Reibung, der Übergangswiderstand nimmt ab. Von der scheinbaren Berührungsfläche sind beide in weiten Grenzen unabhängig.

Die genaue Untersuchung der Dinge erfordert Eingehen auf mikroskopische, ja atomare Abmessungen und hat einige überraschend einfache Beziehungen ergeben.

Es soll zunächst von Schleifkontakten abgesehen und die Betrachtung auf ruhende Kontakte beschränkt werden, also auf schwachkonvexe oder flache Berührungsstellen. Beide Kontaktstücke mögen im allgemeinen aus dem gleichen Stoff bestehen.

B. Berührungsflächen

Ideal glatte Oberflächen vorausgesetzt, ergibt sich für die Berührung einer Kugel vom Radius r mit einer ebenen Fläche oder bei der Berührung zweier gekreuzter Drähte vom Radius r miteinander als Berührungsfläche unter dem Drucke P_{kg} ein Kreis, dessen Halbmesser (unter Vereinfachung der HERTZschen Formel) für hartes Silber oder Kupfer oder weiches Platin ungefähr

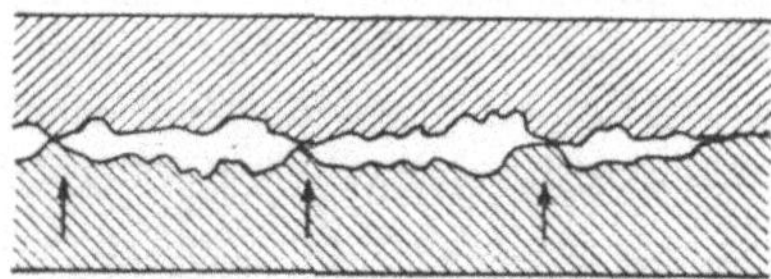

Bild 73. Stark vergrößerte Berührungsfläche

$$a = \frac{\sqrt[3]{P \cdot r}}{10} \text{ cm} \qquad (29)$$

beträgt. Für zwei Schaltstücke, die mit dem Krümmungsradius 1 cm abgerundet sind, würde sich bei einem Drucke von 50 g ergeben $a \cong 0,0003$ cm, da $r = 0,5$ einzusetzen ist.

Obige Formel gilt nur, solange die Oberflächen elastisch beansprucht sind, nicht aber wenn das Metall zu fließen beginnt und sich unelastisch verformt. Dann ist die Formel

$$a \cong \sqrt{\frac{P}{\pi \cdot H}} \qquad (30)$$

anzuwenden, worin H die Härte bedeutet und für die oben genannten Metalle bei Zimmertemperatur etwa $5 \cdot 10^3$ kg/cm² beträgt.

In Wirklichkeit liegt selbst bei konvexen Kontakten die Sache nicht so einfach, sondern es zeigen sich dieselben Erscheinungen, wie sie zunächst für Plattenkontakte beschrieben werden.

Wenn die Oberflächen zweier nicht mit besonderer Sorgfalt eben geschliffener Platten, seien sie aus Metall oder Glas, mit mäßiger Kraft aufeinandergedrückt werden, gelangen keineswegs die gesamten Flächen zu wirklicher Berührung. Vergrößert gesehen sieht eine Berührungsfläche im Querschnitt so wellig aus, wie es Bild 73 zeigt. Die wirklich den Druck tragenden, durch Pfeile angedeuteten Stellen machen nur einen kleinen Bruchteil, z. B. $^1/_{1000}$, der scheinbaren Berührungsfläche aus[1]. Bei Verstärkung der pressenden Kraft werden die ersten Berührungsstellen elastisch zusammengedrückt, später zerdrückt, und es kommen immer mehr neue tragende Stellen hinzu. Dies erklärt die Abnahme des Widerstandes mit dem Druck. — Die gleiche Erscheinung tritt auch bei schwach konvexen Kontakten auf, solange sie nicht durch den Druck stark verformt sind.

C. Der Engewiderstand

Wenn durch einen Kontakt Strom fließt, muß er sich durch die Engpässe der eben geschilderten wirklichen Berührungsstellen durchzwängen. Den dadurch entstehenden, auf der endlichen Leitfähigkeit des Metalls beruhenden Widerstand bezeichnet man nach Holm als Engewiderstand.

Er berechnet sich für eine kreisförmige Druckfläche vom Halbmesser a zu

$$R = \frac{\varrho}{2\,a}, \tag{31}$$

somit, da für Kupfer und Silber $\varrho = 1{,}6 \cdot 10^{-6}$, nach (29) zu

$$R = \frac{1}{10^3 \sqrt[3]{P \cdot r}}. \tag{32}$$

Das gilt aber nur für einen reinmetallischen Kontakt im Vakuum.

D. Entfestigungs- und Schmelzspannung

Ein fingerdicker Einkristallstab aus Kupfer läßt sich so leicht biegen, als ob er aus weichem Wachs wäre, wird aber im nächsten Augenblicke unwiderbringlich hart wie gewöhnliches Kupfer. Das ist ein krasses Beispiel dafür, wie Metalle durch mechanische Bearbeitung (Biegen, Ziehen, Walzen, Pressen, Hämmern), manchmal auch durch thermische Behandlung (Abschrecken des Stahles) härter wird. Diese Härte läßt sich durch Erwärmen, nötigenfalls bis zur Glut, teilweise oder ganz beseitigen. Das Metall wird, noch bevor es schmilzt, „entfestigt" und gibt einem Drucke nach. Dabei vergrößert sich z. B. die Berührungsfläche zwischen zwei gegeneinander gedrückten Kugeln.

---

[1] Darauf beruht der (oft falsch erklärte) Johnson-Rahbeck-Effekt. Zwei scheinbar glatte Oberflächen eines Metalles (meist eine biegsame Folie) und eines schlechten Leiters (Achat, Schiefer, Lack) ziehen einander kräftig an, wenn an beide eine Spannung von z. B. 220 V gelegt wird. Die Spannung liegt dabei fast ganz an der Trennfläche; denn durch die winzigen wirklichen Berührungsstellen kann nur ein ganz schwacher Strom fließen, während die elektrostatische Anziehung auf der ganzen Fläche über einen sehr kleinen Abstand wirkt. — Ähnlich ist es beim Elektrophor.

Bei Kontakten kann die zur Entfestigung erforderliche Wärme vom durchgehenden Strome erzeugt werden. Wenn die von einer höheren Spannung über einen Vorschaltwiderstand gelieferte Kontaktspannung langsam gesteigert wird, so steigt der Übergangswiderstand wegen des positiven Temperaturkoeffizienten des Metalles und fällt dann bei der „Entfestigungsspannung" etwas ab. Bei weiter erhöhter Spannung steigt der Widerstand erst wieder und fällt dann bei der „Schmelzspannung" ziemlich plötzlich auf fast die Hälfte oder noch weniger. Eine höhere Temperatur kann auch durch einen stärkeren Strom nicht erreicht werden, vielmehr wird nur der geschmolzene Querschnitt größer. Merkwürdigerweise (nicht selbstverständlich) bleibt dabei auch die Schmelzspannung konstant.

Die nachstehende Tabelle gibt nach [*18*] für einige Metalle die Entfestigungs- und Schmelztemperatur T_e bzw. T_s in °C, die Entfestigungs- und Schmelzspannung U_e bzw. U_s in Volt und die Härte H in t/cm² an.

Tabelle 6.

Metall	T_e	U_e	T_s	U_s	H
Gold, rein, hart	100	0,08	1063	0,45	6 — 7
Silber	150	0,09	960	0,35	2,6— 6
Zink	170	0,1	419	0,17	3 — 6
Aluminium	150	0,1	658	0,3	1,5— 8
Kupfer	190	0,12	1038	0,43	3,5— 5
Nickel	520	0,22	1455	0,65	7 —22
Platin	540	0,25	1773	0,70	5 — 8
Wolfram	1000	0,4	3380	1,0	12,5—37

Dies alles gilt für hautfreie, reinmetallische Oberflächen im Vakuum, dürfte aber auch für hautbedeckte Metalle gelten, sobald erst einmal die Häute durchbrochen sind.

E. Dünne und dicke Deckschichten

Nur im Hochvakuum lange ausgeglühte und darin belassene Metalle (wie in Vakuumschaltern) besitzen wirklich eine reinmetallische Oberfläche. Bringt man zwei solche Metalle miteinander zur Berührung, so haften sie aneinander, indem sie an einzelnen Stellen zusammenschweißen. Ein Gefühl dafür kann man bekommen, wenn man in einer Bunsenflamme zwei gekreuzte glühende Platindrähte aneinander reibt. Dieser Erscheinung entspricht eine sehr hohe Reibungszahl[1] $\mu = 1$ bis 4.

Wenn zu solchen reinen Oberflächen Luft zugelassen wird, bedecken sie sich in kurzer Zeit mit einer Oberflächenhaut oder Deckschicht,

---

[1] Die Reibungszahl gibt an, um wievielmal die Reibungskraft größer ist als der sie erzeugende Druck.

die zunächst sehr dünn und unsichtbar ist und aus nur einer einzigen
Lage von Atomen oder Molekülen von Sauerstoff, Wasser oder gegebenenfalls Öl besteht. Diese Haut, Epilamen genannt, ist nur 3 bis 30 Å
dick. Sie bildet sich beim edlen Gold nach [18] innerhalb von 2 Tagen,
bei Silber schneller, bei Kupfer in Sekunden. Bei Aluminium entsteht
sie fast augenblicklich in einer Stärke von 20 bis 25 Å und wächst in
Zimmerluft binnen eines Monates auf 60 bis 100 Å.

Die auf Kupfer sich in Luft bildende Haut besteht aus Kupferoxydul
Cu_2O. Sie wächst in

	$^1/_2$	1	5	5	2 Stunden
bei	18	18	18	62	150° C
zu einer Dicke von	30	70	85	140	260 Å .

Das anfangs rosenfarbige Kupfer wird dadurch erst rot, später braun. —
Die Brünierungsschicht auf Kollektoren und Schleifringen beträgt 70
bis 100 Å.

Silber wird zwar nicht von reiner Luft angegriffen, aber von schwefelhaltigen Gasen (besonders Schwefelwasserstoff H_2S), wie sie in bewohnten
Räumen und in der Nähe von
vulkanisiertem Kautschuk vorhanden sind. Dadurch wird das
Silber erst gelb, dann braun und
endlich schwarz von Silbersulfid
AgS. Ebenso bildet Kupfer das
schwarze Sulfid CuS.

[25] und [27] haben entdeckt,
daß Wolfram auch ohne elektrische
Beanspruchung von gewissen organischen Dämpfen angegriffen
werden kann. „Es handelt sich
dabei häufig um Bauteile, bei
denen die Kontakte in abgeschlossenen Gehäusen von Kunststoffumhüllungen abgeschirmt sind.
Beim längeren Lagern solcher Teile, besonders bei erhöhten Temperaturen und größeren Feuchtigkeitsgehalten der Luft, können

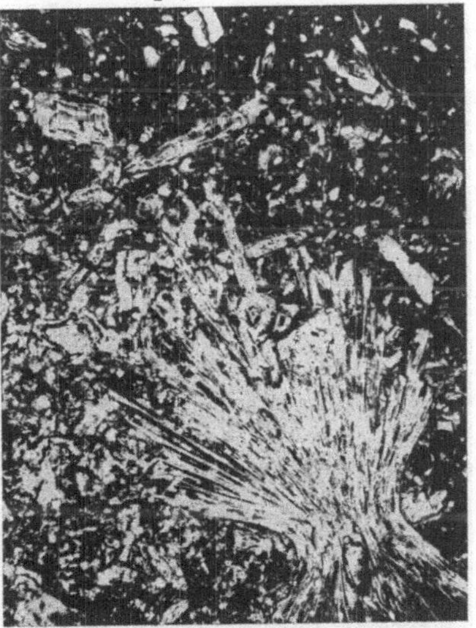

Bild 74. Wolframoberfläche mit kristallierten
Korrosionsprodukten durch Einwirkung einer
Preßmasse. (Vergröß. 50 f.)

sich nun auf den Wolframflächen isolierende Schichten bilden, die bei
Inbetriebnahme der Geräte zu Störungen bzw. zum vollständigen Versagen führen. Nähere Untersuchungen haben ergeben, daß diese Erscheinung von der chemischen Zusammensetzung des betreffenden
Kunststoffes stark abhängt; besonders hervorgehoben werden muß dabei, daß der Angriff über die Gasphase erfolgt, daß also eine direkte Be-

rührung von Metall und Isolierstoff nicht vorliegen muß. Die Korrosionsprodukte können mehr kristallinisch aussehen (Bild 74) oder aus strukturlosen Schichten bestehen und enthalten nachweisbar Wolfram. Der Reaktionsmechanismus ist vermutlich recht verwickelt und besteht aus einem Zusammenwirken von freiem Phenol, Formaldeyhd und Ammoniakrückständen, die bei nicht vollständiger Kondensation der Harze von den Preßmassen abgegeben werden. Es ist also stets unbedingt notwendig, bei der Auswahl von Kunststoffen für Kontaktgehäuse deren spezifische Eigenschaften gegenüber Wolfram zu prüfen, wobei dann auch auf Einhaltung der bei den Versuchen als ausreichend erachteten Backzeiten beim Pressen geachtet werden muß. Besonders hervorgehoben muß dabei noch werden, daß durch Bohren oder Schneiden nach dem Aushärten frisch hergestellte Schnittflächen von Kunststoffteilen sich erheblich anders verhalten können als beim Preßvorgang voll ausgehärtete Oberflächen. Die orientierenden Versuche müssen stets mit Wolfram selbst durchgeführt werden, da andere Metalle die spezifische Reaktionsbereitschaft nicht zeigen. Auch hier macht sich die Erscheinung erst nach längerer Betriebspause bemerkbar, und bei genügender Beachtung der Sachlage wird es stets leicht sein, für jede Konstruktion den geeigneten Kunststoff auszuwählen."

Deckschichten bis 30 A werden als dünn, stärkere als dick bezeichnet.

F. Stromdurchgang durch dünne Deckschichten

Die Messung des Übergangswiderstandes erfolgt in der Schaltung nach Bild 75. Mit der Stromquelle U in Reihe liegt ein regelbarer Widerstand

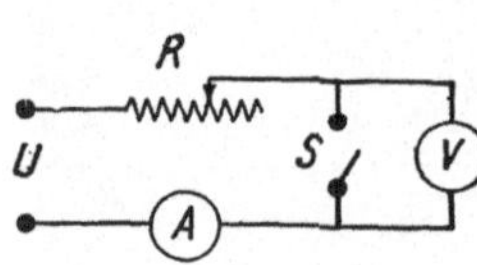

Bild 75. Messung des Übergangswiderstandes

R, ein Strommesser A und der Schalter S, dem ein Voltmeter V parallel geschaltet ist und dessen Druck meßbar eingestellt werden kann. Durch Änderung des Druckes bzw. durch Änderung von R ändert sich die Spannung am Kontakt; aus den Angaben der beiden Meßinstrumente berechnet sich der Übergangswiderstand. Dabei muß U so niedrig und R so hoch sein, daß die im Kontakt entstehende Stromwärme noch keine Rolle spielt.

Nach [18] zeigt sich bei Spannungen bis 0,1 V an Kontakten aus Silber (auch aus Kohle) Isolation bis zu einem Drucke von etwa 1 mg. Bei stärkeren Drucken bis etwa 10 mg nimmt der Übergangswiderstand $R_\ddot u$ bis auf einige Zehntel Ω ab, manchmal stetig, manchmal unstetig, während er für rein metallische Oberflächen etwa 0,01 Ω betragen würde.

Bei Platindrähten in Luft betrug $R_\ddot u$ selbst unter einem Drucke von 2 kg etwa das 50fache des reinmetallischen Widerstandes. — WRICHT und MARSHALL fanden zwischen zwei Glühlampen-Kohlenfäden bei einem

Kontaktdrucke von 0,01 g $R_ü$ zu 80 Ω im Vakuum nach Ausglühen und zu 125 Ω nach Luftzutritt.

Einer Kennlinienschar (14,04) aus [18] sind die Werte der folgenden Tab. 7 entnommen, welche $R_ü$ für einige Schaltstoffe in Abhängigkeit vom Drucke angibt. Die Werte für reinmetallischen Kontakt sind berechnet, für Kontakte in Luft mit einmolekularer Haut gemessen. Bei den Stäben betrug r ungefähr 0,25 cm, die Größe der Platten war 10×10 cm.

Tabelle 7.

| Druck
g | $R_ü$ in $10^{-4}\,\Omega$ | | | | | | $R_ü$ in Ω | | |
| | Kupferstäbe | | Kupferplatten | | Platin oder Nickelstäbe | | Elektrographit | | Mikrophonkohle |
	rein-met.	mit Haut	rein-met.	mit Haut	rein-met.	mit Haut	Platten	Stäbe	Platten
0,01	60	2000	—.	—	500	8000	—	—	300
0,1	30	300	—	—	200	1500	—	—	50
1	11	120	—	—	100	500	—	—	10
10	6	30	—	—	50	110	—	—	1
100	3	7	1	5	20	45	0,1	0,3	0,2
1 kg	1	1,5	0,2	0,7	10	15	—	0,12	—
10 kg	—	—	0,05	0,1	—	—	—	—	—

Aus den Zahlen ist ersichtlich, daß mit zunehmendem Druck der Unterschied zwischen den Widerständen mit und ohne Haut immer geringer wird. Denn es werden immer mehr der mikroskopischen Oberflächenvorsprünge zerdrückt, aus denen das reine Metall hervorquillt. Lockert man den Kontakt und stellt nach kurzem Warten den früheren Druck wieder her, so findet man nicht denselben Widerstand, sondern einen weit höheren, weil sich inzwischen die reinmetallischen Oberflächen wieder mit einem Epilamen bedeckt haben.

Holm nimmt an, daß auch bei den stärkeren Drucken das Epilamen im wesentlichen bestehen bleibt und nur die dickeren Häute weggequetscht werden, daß sich also der Übergangswiderstand aus der Hintereinanderschaltung des Engewiderstandes und des Hautwiderstandes zusammensetzt. Er weist dies nach, indem er den Kontakt sehr tief (z. T. bis zur Supraleitung) abkühlt, wodurch der metallische Widerstand fast oder ganz verschwindet, während der Hautwiderstand steigt.

Der Widerstand dünnster Häute wurde an Kupfer in der Größenordnung von $5 \cdot 10^{-9}\,\Omega$ je cm^2 gefunden. Wie Holm bemerkt, ist dieser Widerstand nur ein kleiner Bruchteil dessen, der sich aus der sonst gemessenen, übrigens sehr ungleichmäßigen Leitfähigkeit des Cu_2O berechnet, und er steigt auch wenig bei Abkühlung bis zum Siedepunkte der flüssigen Luft, wie es sein müßte, wenn es sich um die normale Leitfähigkeit eines Leiters zweiter Ordnung handelte. Erklärt wird die abnormale Leitfähigkeit mit dem von FOWLER-NORDHEIM erkannten „Tunneleffekt", der nur auf Grund der Quantentheorie verständlich gemacht werden kann[1]. Die Häute werden von den Elektronen gewissermaßen durchschossen.

Wenn ein solcher dünnhäutiger Kontakt geöffnet und sofort wieder geschlossen wird, erhält man angenähert denselben Übergangswiderstand wie vorher, auch wenn eine kleine Verschiebung stattgefunden hat; nicht aber dann, wenn man inzwischen einige Zeit hat verstreichen lassen. Wie sehr die Güte eines Kontaktes, selbst wenn er nicht geöffnet wird, mit der Zeit abnimmt, zeigt das Diagramm 27,01 in [18]. Es wurden frisch gereinigte ebene Schaltstücke (wohl von einigen mm $\varnothing$) gegen eine Goldplatte mit 100 g gedrückt und, ohne daß sie abgehoben wurden, der Luft ausgesetzt. Auszugsweise und in grobem Durchschnitte ergab sich, daß nach $1/_2$ Jahre der Widerstand gestiegen war bei

Platin	von 0,001 Ω	auf	0,005	Ω
Silber	„ 0,001 Ω	„	0,01	Ω
Kupfer	„ 0,05 Ω	„	20	Ω
Wolfram	„ 1 Ω	„	10	Ω

Selbst die dünnen Deckschichten stören in zarten Schaltern bei niedrigen Spannungen und zwingen dazu, das eine Schaltstück als Spitze auszubilden, um den spezifischen Druck zu erhöhen und dadurch die Schicht zu durchbrechen. — Im selben Sinne wirkt es, wenn man die Schaltstücke mit einer feinen Feile bearbeitet und die Feilstriche gegeneinander kreuzt. Polieren ist also geradezu schädlich.

Sogar bei handbedienten kleinen Schaltern ist es nicht ganz leicht, einen recht geringen Übergangswiderstand zu erhalten. So haben sich bei den Umschaltern in Radioempfängern Schwierigkeiten gezeigt, namentlich im Kurzwellenteil, wo Spannung und Strom sehr niedrig sind. Man verwendet Schalter mit kräftiger Reibung, wobei sich Nocken aus Silber gegen galvanisch rhodiniertes Bronzeblech als geeignet und sehr haltbar bewährt haben; oder Druckschalter (abgerundete Spitze gegen Fläche) aus Platiniridium, das ersparnishalber in einer nur 0,05 mm starken Schicht auf Bronzeblech aufgewalzt ist.

G. Reibung und Schmieren

Wo genügend Kraft zur Verfügung steht, läßt sich der Übergangswiderstand bei dünnen und auch bei dickeren Häuten durch Reibung der Schaltstücke gegeneinander herabsetzen, wie dies ja bei Messer- und Drehschaltern stattfindet. Dabei werden die Häute von den beiderseitigen Rauheiten der Schaltstücke weggedrückt oder zerrieben.

---

[1] Diesbezüglich muß auf [18] u. [24] verwiesen werden.

Bei Druckkontakten („Abhebekontakte" von HOLM genannt) läßt sich die Reibung dadurch erzielen, daß man das eine Schaltstück auf eine schräge Feder setzt, z. B. nach Bild 77. Bei Relais mit kleinem Hube muß man freilich auf dieses Mittel verzichten.

Steckt man den Stöpsel eines Stöpselrheostaten ohne Drehung ein, so sinkt nach Drehung desselben der Übergangswiderstand auf einen Bruchteil. Hier sowie bei Kurbelwiderständen ist Schmierung geradezu unentbehrlich, weniger um die Reibung zu vermindern, als um das Zerreiben des Metalles und den Zutritt der Luft zu verhindern. Der abgeriebene Metallstaub oxydiert leicht, besonders bei Messing. Wären die in der letztgenannten Versuchsreihe beschriebenen Kontakte geölt gewesen, so hätten sie eine weit geringere Verschlechterung erfahren.

Als Schmiermittel dient Petroleum, das aber bald verdunstet, oder Paraffinöl; nicht aber soll man ranzig werdende organische Öle benützen. Natürlich dürfen an geschmierten Kontakten nur ganz schwache Ströme unterbrochen werden, die keine Funken erzeugen, weil sonst durch Verkohlung des Fettes schlechtleitende Krusten entstehen. An zarten Kontakten muß Öl wegen des Klebens vermieden werden.

H. Das Fritten und der Stromdurchgang durch dicke Deckschichten von 30 bis 3000 Å

Das Fritten ist vor über 100 Jahren am Kohärer entdeckt worden, lange bevor derselbe als erster (längst außer Gebrauch gekommener) Empfänger für Funkentelegraphie von MARCONI benützt wurde.

Der Kohärer, auch Fritter genannt, bestand aus einer luftleeren Glasröhre von etwa 2 mm innerem Durchmesser, in die von beiden Enden Nickelkolben als Elektroden eingeführt waren, so daß ein 1 bis 2 mm breiter Spalt zwischen ihnen blieb, der zur Hälfte mit feinen Nickelspänen angefüllt war. Der Kohärer wurde in Reihe mit einem empfindlichen Relais und einer Stromquelle von 1 oder mehreren Volt gelegt. Sein Widerstand betrug zunächst etwa 1 MΩ, ging aber auf einige 1000 Ω zurück, sobald die viel höhere Spannung des empfangenen Hochfrequenzstromes ihm zugeführt wurde. Sie dauert nur Millionstel Sekunden[1]. Diese Leitfähigkeit bleibt bestehen, bis sie durch Erschütterungen (Klopfer) zerstört wird. Sie ist um so größer, je stärker die Erregung war.

Verwendet man Messingelektroden von etwa 4 mm Durchmesser, so erhält man bei einer Schichtlänge von 2 mm mit fettfreien Messingfeilspänen einer Ansprechempfindlichkeit von 1 bis 5 V, mit Aluminiumspänen bis zu 30 V.

---

[1] Nach [18] soll das Fritten eine Zeit von der Größenordnung $^1/_{1000}$ Sek. benötigen. Es geht offenbar weitaus schneller vor sich.

Der Fritter ist als eine, wenn auch recht ungenaue, Spannungssicherung brauchbar. Eine hübsche Anwendung ist folgende: Für Christbaumbeleuchtung werden Glühlämpchen in größerer Zahl hintereinander an das Lichtnetz geschaltet. Im Sockel jeder Lampe liegen zwischen den Zuleitungen Metallspäne, die einen Fritter bilden. Beim Durchbrennen einer Lampe tritt an ihren Klemmen die volle Netzspannung auf, der Fritter schließt kurz und die übrigen Lampen brennen weiter, freilich mit etwas erhöhter Einzelspannung.

Im Kohärer liegen viele (einige Hundert) Kontakte neben- und hintereinander; daher ist aus Wahrscheinlichkeitsgründen seine Ansprechspannung gleichmäßiger als die eines einzelnen Kontaktes. Die Untersuchung des Frittvorganges muß aber dennoch an Einzelkontakten vorgenommen werden.

Wenn eine stählerne Lagerkugel von 5 mm $\varnothing$ mit ihrem Gewichte auf einer ebenso blanken Stahlfläche ruht, kann sie sogar gegen 100 V isolieren. Im allgemeinen liegt bei Metallen die Ansprechspannung in der Größenordnung von 1 V. Bei Kohle und Graphit ist sie fast Null[1], bei Platin und sauberem Silber liegt sie sehr niedrig, etwas höher bei Gold.

[18] beschreibt u. a. folgende Versuche: Ein Kupferdraht von 3 mm $\varnothing$ und einer Cu_2O-Schicht von 840 Å wurde mit einem ebensostarken Golddrahte gekreuzt (der Druck ist nicht angegeben) und der Kontakt über einen Widerstand von $10^6\,\Omega$ an eine langsam gesteigerte Spannung gelegt. Der Widerstand sank von $5 \cdot 10^6\,\Omega$ bei 0,1 V immer schneller auf $2 \cdot 10^5\,\Omega$ bei 2,8 V. (Die Spannung wurde am Kontakt gemessen. Das Cu war Anode; mit Cu als Kathode lagen die Ohmwerte etwas niedriger.) Bis dahin war der Vorgang so ziemlich umkehrbar. Erhöhte man aber die treibende Spannung noch weiter, so brach die Spannung am Kontakt plötzlich auf etwa die Hälfte zusammen und der Widerstand sank auf etwa $^1/_4$. Das ist das Fritten. Noch deutlicher zeigte es sich bei einem Vorschaltwiderstande von nur $2 \cdot 10^4\,\Omega$. Es fand dann bei 1,8 V statt und die Spannung ging auf 0,4 V und der Widerstand von $5 \cdot 10^5$ auf $5700\,\Omega$ herab. Überhaupt liegt die Spannung nach kräftigem Fritten (Frittschlußspannung) immer zwischen 0,2 und 0,5 V, nahe der Schmelzspannung.

Die folgende Tab. 8 ist ein Auszug aus der Tabelle (23,05) in [18]. Ein mit einer Cu_2O-Haut versehener Kupferdraht wurde unter einem Drucke von 3,6 g mit einem Golddrahte gekreuzt, so daß die Berührungsfläche $\pi \cdot a^2 = 2,5 \cdot 10^{-6}$ cm² war.

Es läßt sich klar zeigen, daß das Fritten auf der Bildung feiner metallischer Brücken zwischen den beiden Kontaktstücken beruht. Aber wie

---

[1] Sie sind daher in Form gekreuzter Kohlefäden für zarte Relais bei niederen Spannungen und Strömen bis zu einigen mA als Kontakt sehr geeignet, aber scheinbar nie verwendet worden. Unbequem ist der hohe Engewiderstand, der leicht einige Tausend Ω betragen kann.

kommen diese Brücken zustande? Nach den Ausführungen von S. 29 sollten ja Spannungen unter 300 V auch die dünnsten Isolatoren nicht durchschlagen können.

In der Tat beruht darauf die vor etwa 30 Jahren von POLANYI erfundene „Molekularwalze", die seither von der Bildfläche verschwunden ist. Es war dies ein Kondensator, bestehend aus einem Glaszylinder, auf den spiralförmig abwechselnde Lagen von Metall und einem Isolator (Quarz?) aufgedampft waren. Das äußerst dünne Dielektrikum ergab eine sehr hohe Kapazität je cm². Der Kondensator soll Spannungen bis gegen 300 V vertragen haben. Wie verträgt sich das mit dem Tunneleffekt?

$$Tabelle\ 8.$$

Cu_2O-Dicke in Å	Hautwid. in $10^6\ \Omega$	Frittspann. V	Kupfer war
60	2	0,2	Kathode
300	2	1	,,
300	2	1,6	Anode
1480	10	4	Kathode

Die die Häute bildenden Metalloxyde sind eben offenbar nicht als Isolatoren, sondern als Halbleiter aufzufassen. Nach [18] geht das Fritten folgendermaßen vor sich: Auf Grund des Tunneleffektes geht bei einer Feldstärke von 10^2 V/cm (entsprechend 1 V auf 100 Å) ein Strom durch die Haut in gleicher Weise, wie dies für dünne Häute beschrieben wurde. „Sobald die Stromdichte die Höhe von rund 10 A/cm² (sie schwankt von Fall zu Fall etwa zwischen 2 und 30 A/cm²) erreicht, ist allem Anscheine nach die Möglichkeit zu einer Art Wärmedurchschlag verwirklicht. Vermutlich verdichtet sich dabei der Strom auf einen engen Strang und erzeugt dort eine beträchtliche Erwärmung[1], derzufolge ein starker Ionenplatzwechsel einsetzt, welcher zum Aufbau einer metallischen Brücke durch das Oxyd führt. Dieser Vorgang wird Frittung genannt."

An anderer Stelle heißt es: „Die Stromwärme vergrößert die Leitfähigkeit im Halbleiter, und eine entstehende Instabilität führt zur Konzentrierung des Stromes auf einen Strang, in dem nun der erhöhte Ionenplatzwechsel die Grundlage für den ersten Brückenbau bildet. Diese erste Brücke wird wohl ein dünner Faden sein, der vermutlich wesentlich aus vorherigen Metallionen des Oxyds zusammengebaut ist. Schon diese Brücke erzeugt eine bedeutend verbesserte Leitung und einen Stromanstieg, welcher von einer vergrößerten Wärmeentwicklung begleitet ist. Inwiefern nun infolgedessen Metall von den Kontaktgliedern geschmolzen wird oder weitere Oberflächenionen und Ionen aus dem Oxyd gelockert werden, mag dahingestellt sein. Jedenfalls ziehen beweglich gewordene Metallmengen (bevorzugt aus der Anode) dorthin, wo die Stromlinien konzentriert sind, und bauen die Brücke weiter aus, und zwar entwickelt sich ein derartiger Vorgang so lange, bis die Brücke solche Dimensionen angenommen hat, daß sie den elektrischen Strom

---

[1] HOLM berechnet sie zu einigen Hundert °C.

ohne zu schmelzen verträgt. Gerade hierauf dürfte es beruhen, daß die
Frittschlußspannung etwas unterhalb der Schmelzspannung liegt.‟

Diese Erklärungen klingen weder ganz überzeugt noch überzeugen sie.
Verfasser hat die Ansicht vertreten, daß das Fritten auf eine elektro-
lytische Metallabscheidung zurückzuführen sei. Bei der Elektrolyse
zwischen einander nahen Elektroden hat das an der Kathode abgeschie-
dene Metall die Neigung, der Anode entgegenzuwachsen und Kurzschluß
zu bilden, vgl. [22].

Der in den ersten Zeiten der Funktechnik von SCHÄFER erfundene „Anti-
kohärer" bestand aus einem versilberten Glasstreifen, dessen Silberschicht durch
einen Messerschnitt quergeteilt war. Zwischen die beiden so entstandenen Elektroden wird über ein Ruhestromrelais eine Spannung von etwa 2 V gelegt. Augenblicklich wachsen feine Silberfäden von einer Elektrode zur andern und machen
Kurzschluß. Die unsichtbare Wasserschicht auf dem Glas wirkt dabei als Elektro-
lyt. Die empfangenen Hochfrequenzströme zerstören die Brücken.

Der Frittvorgang würde sich also folgendermaßen abspielen: Die Leitfähigkeit der Deckschicht erlaubt einen zunächst schwachen Strom durch
einen oder einige Kanäle, von denen infolge des negativen Temperaturkoeffizienten des Widerstandes schließlich einer den ganzen Strom über-
nimmt. In diesem feuchten oder heißen Kanal findet die Elektrolyse statt,
die das Anodenmetall an der Kathode abscheidet und der Anode ent-
gegenwachsen läßt, bis es dieselbe erreicht hat und der Widerstand plötzlich sinkt. Die Labilität des Erwärmungsvorganges erklärt, warum nicht
schon bei niedriger Spannung in langer Zeit Brücken entstehen können.
  Eine einfache Rechnung zeigt, daß zur elektrolytischen Bildung der
Brücken sehr kurze Zeit genügt. Bei einem der obigen Frittungsbeispiele
betrug der Widerstand einer Schicht von
840 Å nach dem Fritten 5700 Ω. Das entspricht einem Kupferquerschnitt von rund
$30 \cdot 10^{-12}$ cm² und einem Gewicht von
$20 \cdot 10^{-16}$ g. Würde der Strom auch nur
10^{-6} A betragen haben, so konnte er diese
Menge in $1{,}5 \cdot 10^{-5}$ sek abscheiden.

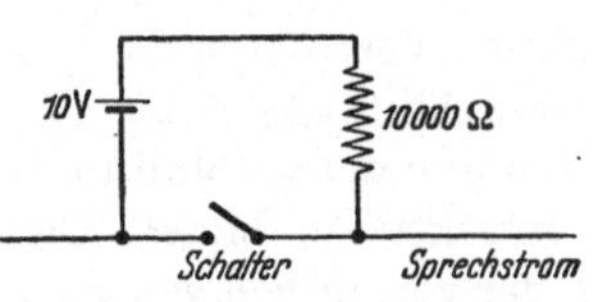

Bild 76. Schalter mit Frittung

Der bei niederer Spannung manchmal störende geringe Übergangswiderstand geschlossener Schalter kann durch zusätzliche Frittung so
gut wie ganz beseitigt werden. Dieses Mittel wird in der Fernsprechtechnik angewandt. Der Schaltstelle wird ein schwacher Strom (etwa
1 mA) von mindestens 10 V über einen hohen Vorschaltwiderstand überlagert, z. B. nach Bild 76.
  Natürlich ist dieses Mittel nur statthaft, wenn der Gleichstrom nicht
stört oder blockiert werden kann, also bei Wechselstrom und Fern-
sprechströmen. Bei Gleichstrom mit Wechselstrom zu fritten ist wegen
der Detektorwirkung des schlechten Kontaktes nicht immer zulässig.

J. Geklemmte Schienen und Drähte

In Frage kommen vor allem Kupfer und Aluminium in Form von Schienen, die durch Schrauben miteinander verbunden werden, und von Drähten, die durch eine Klemmschraube zwischen eine Klemmleiste und eine Unterlagscheibe gepreßt sind.

In beiden Fällen pflegt der angewandte Druck so stark — weit höher als die Tab. 7 reicht — zu sein, daß eine beträchtliche Verformung der Metalle eintritt und daß infolgedessen reines Metall durch Risse der Häute hindurchquillt, wodurch sich niedrige Übergangswiderstände ergeben. Voraussetzung ist, daß die Oberflächen nur dünne Häute getragen haben, also nötigenfalls kurz vor dem Zusammenschrauben gereinigt werden, Schienen z. B. durch Sandstrahlgebläse oder mit einer Stahldrahtbürste unter Öl. Damit oxydierende Luft nicht nach und nach in die Kontaktfläche hineinkriechen kann, es ist nötig, sie mit Öl oder Vaseline leicht einzufetten. Dann erhält sich erfahrungsgemäß der Übergangswiderstand Jahre hindurch nahezu unverändert auf geringer Höhe.

[18] gibt ein Beispiel einer Kupferschienenverschraubung an: Die Schienen haben eine Breite von 5,6 und eine Dicke von 1 cm; sie stoßen stumpf (ohne Überlappung) aneinander. Ein Druck von 3000 kg bringt den Übergangswiderstand auf $3 \cdot 10^{-5}\ \Omega$ und bei 1000 A die Übertemperatur auf 88°, entsprechend einem Verluste von 30 W. — Ungefähr dasselbe dürfte herauskommen, wenn die Schienen überlappt sind, da der Übergangswiderstand (wie die Reibung) wenig von der Größe der Berührungsfläche abhängt.

Das setzt auch eine von HOEPP angegebene Faustformel

$$R_{\ddot{u}} = \frac{0,15}{P_{\mathrm{kg}}}\ \Omega$$

voraus, die für den obigen Fall einen etwas höheren Widerstand $(5 \cdot 10^{-5}\ \Omega)$ ergibt.

Drähte: In einer Versuchsreihe aus [18] waren gut gereinigte und geölte Drähte aus Kupfer und Aluminium zwischen eine Klemmleiste aus Nickel und den Kopf einer (vermutlich mit einer isolierenden Unterlegscheibe versehenen) Schraube durch den Druck letzterer gepreßt. P bezeichnet den auf den ganzen Drahtring ausgeübten Druck in kg. Es ergab sich:

Tabelle 9.

Metall	Draht ø in mm	Schraube ø in mm	P ca.	$R_{\ddot{u}}$ bei Zimmertemp. in $10^{-4}\ \Omega$ Monate nach dem Einklemmen		
				0	2	12
Kupfer	0,5	2	28	0,08	0,05	0,04
Aluminium	0,6	4	25	0,09	0,08	0,08

Die Kontakte haben also ihre Leitfähigkeit gut bewahrt und würden das dank dem Einfetten noch auf Jahre hinaus tun.

Nach einer [ebenso wie Formel (29) der „Hütte" entnommenen] Hertzschen Formel beträgt der auf den Draht ausgeübte maximale spezifische Druck

$$\bar{p} = 0,42 \sqrt{\frac{P \cdot E}{l \cdot r}} \,,$$

worin r den Radius des Drahtes und l die Länge der Drahtschlinge bedeutet. Setzt man $P = 28$, $E = 11 \cdot 10^5$, $r = 0,05$ und $l = \pi \cdot 0,25$ ein, so ergibt sich $p = 17000$, also reichlich größer als $H = 5000$. — Ebenso findet sich für den Al-Draht $\bar{p} = 7700$, etwas mehr als die Härte von weichem Aluminium. — In beiden Fällen ist also Verformung eingetreten.

Zink ist für diesen Zweck völlig ungeeignet, weil es schon bei Zimmertemperatur im Laufe der Zeit fließt, wodurch der Druck nachläßt und Raum für Oxydation entsteht. Verzinntes Messing, das für Klemmleisten und Unterlagscheiben gern benützt wird, dürfte noch besser sein als Cu und Al. In allen Fällen ist es ratsam, mit Rücksicht auf das Fließen die Klemmschrauben von Zeit zu Zeit nachzuziehen.

K. Grobe Übergangswiderstände

Auf unedlen Metallen entstehen nach und nach schlechtleitende Überzüge, insbesondere Oxyde, durch den Angriff der Luft, namentlich wenn sie Schwefel, Ozon oder Spuren von Säuren enthält, z. B. salpetrige Säure infolge von in der Nähe gezogenen Lichtbogen. Noch schneller entstehen solche Schichten, wenn dieselbe Schaltstelle auch zum Unterbrechen des Stromes dient und dabei Lichtbogen, wenn auch nur kurze, vorkommen. Ein Schalter aus Kupfer oder Wolfram kann so allmählich bis zur Unbrauchbarkeit verrotten, indem sich immer stärker werdende, festhaftende Oxydkrusten ansetzen.

Bei allen Arten von Kontakten kann es geschehen, daß Staub oder Fett und besonders beide vereint eine Kruste bilden, die zwar bei reichlichem Schaltdruck und schwachem Strom nicht sehr stört, wenigstens wenn der Schalter meist geschlossen ist oder oft benutzt wird, die aber durch Lichtbogen zu harter, schlechtleitender Kohle wird.

Fett ist für zarte Kontakte besonders gefährlich. Es kann von nahegelegenen Schmierstellen herankriechen, sich aus der Luft (z. B. von unvollkommen verbrennenden Lötlampen) niederschlagen oder bei ungeschickter Reinigung (s. S. 83) zurückbleiben.

Folgende Mittel lassen sich — freilich nicht immer — gegen den Übergangswiderstand anwenden:

a) Die Widerstandschicht wird mechanisch durch Schlag oder Reibung der Kontakte gegeneinander zerbröckelt oder weggeschabt. Reibung ist, wenn ein Kontakt federt, kaum zu vermeiden und durch schräge Bewegung (Bild 77) leicht zu verstärken. Ihre reinigende Wirkung nimmt mit dem Schaltdruck und der Kleinheit der Berührungsfläche zu, aber auch die Abnutzung.

b) Voraussetzung dabei und unter allen Umständen nützlich ist es, die Schaltbewegung horizontal einzurichten, also den Schaltstücken vertikale Oberflächen zu geben. Damit erreicht man, daß die losgeklopften oder abgeriebenen Metallteilchen frei herunterfallen können und nicht durch die folgenden Schaltungen in die Metalloberfläche hineingedrückt werden. Auch setzt sich dann weniger leicht Staub an.

c) Dem Kontakte, an welchem der Unterbrechungslichtbogen entsteht, liegt ein zweiter Kontakt parallel, der

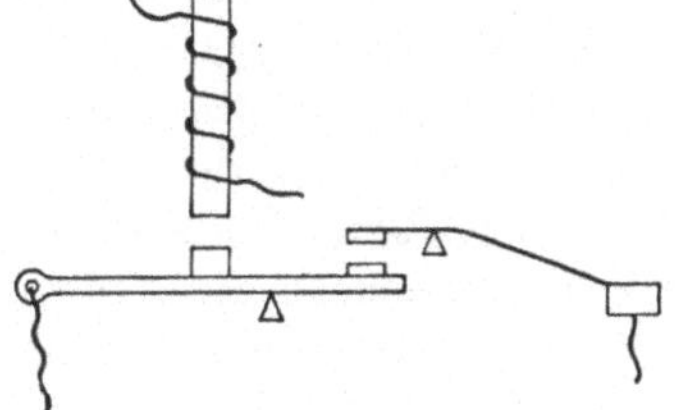

Bild 77. Kontakt mit Reibung

später geschlossen und früher geöffnet wird, so daß er nur den Übergangswiderstand des ersten Kontaktes kurzzuschließen braucht und nicht durch das Öffnen beschädigt wird. Ein Beispiel zeigt Bild 78. Beim Niederdrücken des Tasters schließt sich erst der linke Kontakt und danach, unter Durchbiegung der Tasterfeder, der rechte. Beim Loslassen des Tasters öffnet sich erst funkenlos der rechte Kontakt und dann folgt die wirkliche Unterbrechung am linken. Natürlich

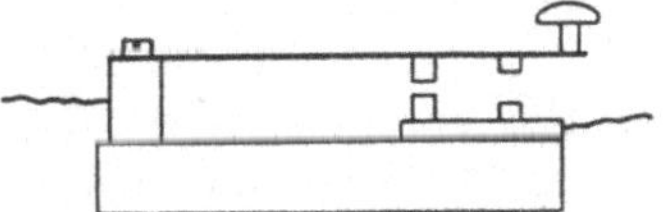

Bild 78. Taster mit Doppelkontakt

hilft dieses Mittel nur insolange, als der Übergangswiderstand am unterbrechenden Schalter nicht allzu hoch wird. Ähnlich wirkt es, wenn die Kontakte beim Aufeinanderdrücken eine kippende Bewegung ausführen, so daß sich ihre Berührungsstelle verschiebt, oder wenn man Doppelkontakte (z. B. gespaltene Kontaktfedern) anwendet, wie dies in der Fernmeldetechnik häufig gemacht wird.

Bei zarten Schaltern kommt nur das Mittel b) in Frage, und das Entstehen grober Übergangswiderstände muß durch Verwendung von Edelmetallen und Vermeiden von Verunreinigungen, insbesondere Einkapseln in staubdichte Gehäuse, ausgeschlossen werden.

Was dann geschieht, wenn die angegebenen Mittel nicht angewandt werden oder versagen, das hängt von den Umständen ab. Bei niedriger Spannung kann völlige Isolation eintreten, z. B. an Wolfram und Kupfer, nicht so leicht an Wolframsilber. Bei mittlerer und höherer Spannung „schmort" ein solcher Schalter, indem die Zwischenschicht stellenweise ins Glühen kommt, was den Schalter immer mehr verschlechtert. Bei stärkerem Strom, und namentlich bei kleiner Berührungsstelle, kann etwas anderes eintreten: Die Oxydschicht schmilzt, wahrscheinlich nur in einem oder wenigen dünnen Kanälen, und darin bilden sich metallische Brücken aus, die einen mäßigen Übergangswiderstand ergeben. Das ist regelrechtes Fritten. Folgender Versuch erläutert das: Legt man einem verschmorten Kupfertaster bei 220 V, 2 A, nachdem er geschlossen wurde, ein Voltmeter von $1\,\Omega$ parallel, so zeigt es einige Zehntel Volt an. Unterbricht man den Strom an anderer Stelle, und schließt ihn wieder, ohne inzwischen den Taster zu erschüttern, so findet man dieselbe Spannung, ein Beweis, daß die Brücken metallischer Art sind. Schließt man den Strom aber erst durch das Voltmeter und dann durch den Taster, so bleibt letzterer fast stromlos, da die Spannung von 2 V die Zwischenschicht nicht zu erhitzen vermag.

Silber ergibt wegen der Leitfähigkeit des Silberoxyds[1] auch in verschmortem Zustand nur einen kleinen Übergangswiderstand. In dem eben beschriebenen Falle findet man selbst bei einem Schaltdruck von wenigen Gramm am Schalter nur einige Hundertstel bis 0,2 V. Immerhin macht sich die Schicht durch ein Schließungsfünkchen bemerkbar.

L. Schleifkontakte

Sie machen mehr Schwierigkeiten als man annehmen möchte. Aus Gründen der mechanischen Abnützung soll man für beide Kontakte ungleiche Metalle nehmen. Auch dann ist man vor zwei Grenzfällen nicht sicher, die beide unerwünscht sind: Fressen und Polieren. Im ersten Falle ist der Übergangswiderstand meist klein, wenn auch unregelmäßig, aber die Lebensdauer ist gering; er tritt um so leichter ein, je stärker der Kontaktdruck ist. Im zweiten Falle, bei schwachem Druck, wechseln Übergangswiderstände verschiedenen Grades miteinander ab, so daß z. B. in einem durchgehenden Fernsprechstrom Störgeräusche entstehen.

Mäßige Rauheit eines oder besser beider Berührungsflächen, Öl, Einkapseln gegen Staub und vor allem Unterteilung des Kontaktes (gespaltene Kontaktfeder, Bürste) sind die anzuwendenden Gegenmittel. Wenn der Kontakt im Arbeitszustande stillsteht, hilft natürlich Fritten. Bei hin- und hergehender Bewegung (Drehkondensator u. dgl.) ersetzt man den Schleifkontakt besser durch eine bewegliche Zuleitung.

Von besonderer Bedeutung sind die Verhältnisse bei Kollektoren und Schleifringen an elektrischen Maschinen. Die Umfangsgeschwindigkeit kann bis zu 60 m/sek betragen. Als Bürste dient entweder Elektrographitkohle oder Bronzekohle. Nach längerem Einlaufen bildet sich auf dem kupfernen Kollektor (nicht so schnell auf einem Schleifringe) die sog. Brünierungsschicht, die aus braunem Cu_2O besteht und eine Dicke von 70 bis 100 Å besitzt. Die Spannung am Bürstenkontakt beträgt erfahrungsgemäß 0,5 bis 1,7 V; vor jedesmaligem Einlaufen ist sie noch höher.

---

[1] Ob solches an Schaltern überhaupt entsteht, ist zu bezweifeln. Wahrscheinlich ist der schwarze Belag Silbermohr.

Versuche von HOLM mit einer Graphitbürste[1] und einem kupfernen Schleifring ergaben bei einer Umfangsgeschwindigkeit von 10 m/sek folgendes:

Bei konstanter (nicht angegebener) Spannung sinkt der Übergangswiderstand von 100 Ω bei einem Drucke von 100 g auf 10 Ω bei einem Drucke von 1 kg, also verkehrt proportional dem Drucke. In trockener Luft ist es ebenso, aber die Ω-Werte sind rund 40mal niedriger. — Bei gegebenem Bürstendrucke (150 g und 1000 g) sinkt mit steigender Spannung der Widerstand um so schneller auf einige Zehntel Ω, je größer der Druck ist, und zwar schneller, wenn die Bürste + als wenn sie — ist. (Merkwürdigerweise ist das bei einem Silberring umgekehrt.) — Eine Silberbürste auf einem (vermutlich blankem) Kupferring zeigt weitaus niedrigere Übergangswiderstände, die von 0,005 auf 0,002 Ω heruntergingen, wenn der Druck von 20 g auf 500 g gesteigert wurde; hier fehlt also eine störende Haut.

HOLM nimmt auch für den Stromdurchgang durch die Brünierungsschicht einen Frittvorgang an. Nun ist es unwahrscheinlich, daß der Ausgangspunkt einer Frittung auf der Bürste gleiten kann. Nimmt man an, daß die Brücke sich unter der Bürste von $-45°$ bis $+45°$ innerhalb der Kollektorhaut bildet, so stünde dafür nur eine Strecke von etwa der doppelten Hautdicke zur Verfügung, d. i. bei einer Umfangsgeschwindigkeit von 10 m/sek die Zeit von $\dfrac{2\cdot 100\,\text{Å}}{1000\ \text{cm/sek.}} = 2\cdot 10^{-9}$ sek, die zu einer Frittung nicht ausreicht (vgl. die Fußn. S. 69). Der Verfasser möchte auch hier an Elektrolyse glauben, die eine stufenweise Frittung bewirkt. Insbesondere dürfte die Erhitzung einzelner Punkte der Haut durch die Reibung die Bildung leitender Kanäle begünstigen, in denen sich durch Elektrolyse nach und nach leitende Kupferbrücken bilden. Die hellen Flecke, die man mit der Lupe auf der Kollektoroberfläche sieht, könnten die metallischen Köpfe dieser Brücken oder durch die Reibungshitze von der Kollektorkohle aus dem Cu_2O reduziertes Kupfer sein.

Die Erklärung durch Elektrolyse scheint zu versagen, wenn die Kohlenbürste Kathode ist. Aber sie bedeckt sich in kurzer Zeit mit abgeriebenem Cu_2O oder sogar reduziertem Kupfer.

Übrigens schwankt der Übergangswiderstand nicht nur von Fall zu Fall, sondern auch während des Laufes und während einer Umdrehung oft um $\pm\,50\%$. — Die zur gefundenen Leitfähigkeit erforderliche Kupfermenge ist auch hier außerordentlich gering.

Für niedrige Spannungen haben sich Bürsten aus Silber-Graphit bewährt.

Für die zarten Bürsten von Gleichstrom-Amperestundenzählern wendet man Golddrähtchen auf einem Silberkollektor an. — Bei

---

[1] Von vermutlich 1 bis 2 cm² Fläche.

Unipolardynamos wurden Stahldrahtspiralen um den halben Umfang des Rotors gelegt.

Bekanntlich muß man die Glimmerstreifen zwischen den Segmenten eines Kollektors auf eine Tiefe von etwa $\frac{1}{2}$ mm auskratzen. Nach Erfahrungen des Verfassers empfiehlt es sich, auch Schleifringe mit einigen, zweckmäßig schrägen, Nuten zu versehen, die den Staub- und abgeriebenen Oxydteilchen zu verschwinden gestatten.

M. Körnerkontakte

Die wichtigste Art derselben ist das Körnermikrophon, das auf dem durch den Schalldruck veränderlichen Engewiderstand zwischen den Körnern beruht. Seine Theorie ist in [18] beschrieben und soll hier nicht behandelt werden, zumal an ihm kaum mehr etwas zu verbessern ist. — Kohlengries, auch Kohlenplatten in Stapeln werden als durch den Druck regelbare Widerstände verwendet.

Mischt man Graphitpulver mit Paraffin, so erhält man bei 100% Graphit gute Leitfähigkeit, bei 0% Isolation. Innerhalb eines kurzen Prozentbereiches findet der Übergang statt, offenbar dann, wenn die Graphitflocken sich zu berühren beginnen.

Ähnliche Verhältnisse dürften bei den Silitstäben vorliegen, die aus einem gebrannten Gemisch von Ton und dem ziemlich gut leitenden Karborund (Siliziumkarbid) bestehen und je nach dem Gemisch verschiedenen spezifischen Widerstand besitzen.

N. Elektrostatische Erscheinungen

Elektrostatische Kräfte werden in der Technik fast nur zu Meßzwecken benützt und sind bei Spannungen unter 1000 V kaum bemerkbar. Aber bei sehr kleinen Abständen kommt das quadratische Gesetz zur Geltung, und die Anziehungskraft wird überraschend groß. Sie beträgt zwischen parallelen Flächen von F (cm²) im Abstande a (cm) bei der Spannung U (Volt)

$$P = 0,45 \cdot 10^{-9} \cdot \frac{F \cdot U^2}{a^2} \text{ Gramm}, \tag{33}$$

und zwischen einer Kugel vom Radius R und einer Platte im Abstande $a \ (\ll R)$ angenähert

$$P = 2,8 \cdot 10^{-9} \cdot \frac{R \cdot U^2}{a} \text{ Gramm}. \tag{34}$$

Diese Kräfte kommen zur Wirkung, wenn sich zwei Kontaktstücke einander nähern. Sind beide mit einem dicken Epilamen von 30 Å und einer Dielektrizitätskonstante von nur $e = 2$ bedeckt, so ergibt Gl. (33) für $U = 50$ V eine Anziehungskraft von über 60 kg/mm². Sie genügt reichlich, um das Epilamen zu zerdrücken, ja sogar, um aus dem Silber der Kontaktstücke Metall herauszureißen.

Es bedarf also in diesem Falle und in ähnlich gelegenen gar nicht des Frittens oder des Tunneleffektes, um den Übergangswiderstand zu überwinden. Das scheint bisher nicht erkannt worden zu sein.

Elektrostatische Kräfte sind auch bei der „Kalten Punktentladung" (s. Abschnitt O) sowie bei der „Elektrostatischen Selbstunterbrechung" (S. 82) wirksam.

O. Die kalte Punktentladung

[15] spricht einleitend von drei verschiedenen Entladungsarten: Lichtbogen, Glimmlicht und „kalte Punktentladung". Was ist letztere?

Oszillogramme zeigen für die Schaltung nach Bild 50 folgendes: Einige μs bevor der Kontakt schließt, aber auch kurz nachdem der sich öffnende Kontakt den Strom auf Grund der Leitungskapazität zunächst funkenlos unterbrochen hat, geht zwischen den Kontaktstücken eine von hochfrequenten Schwingungen der Leitung begleitete Entladung über, die wie ein metallischer Schluß wirkt und nur etwa 1 μs lang dauert. Sie ist in Bild 51 ganz links zu bemerken. Das ist die kalte Punktentladung.

Verfasser vermutet, daß hier keine besondere Entladungsform vorliegt, sondern elektrostatische Selbstunterbrechung ähnlich der auf S. 82 beschriebenen, wobei sich aber nicht das ganze Kontaktstück bewegt, sondern nur das massive Metall eines oder beider Kontaktstücke ausgebeult wird.

Wir wollen versuchen, den Vorgang wenigstens größenordnungsmäßig zu berechnen. Die Möglichkeit dazu bieten Angaben aus dem Buche „Mechanik" von R. W. POHL über die elektrische Messung der Stoßzeit ($1,3 \cdot 10^{-9}$ sek), wenn eine Stahlkugel von 20 mm $\varnothing$ mit einer Geschwindigkeit von 1 m/sek auf eine Stahlplatte fällt. Wenn die Kugel starr wäre, ergibt sich aus der verzögerten Bewegung eine Eindringtiefe e von 0,035 mm und eine Berührungsfläche von 0,85 mm Halbmesser. Wegen der Verformung der Kugel wird die Eindringtiefe halb so groß und der Durchmesser der Berührungsfläche doppelt so groß angenommen. Die entstehende Kraft vermag die Kugel in der halben Stoßzeit auf 1 m/sek zu beschleunigen. Das ergibt eine wirksame Kraft von 6,6 kg/mm², für Silber ⅓ davon, also 2,2 kg/mm². Weiter wird angenommen, daß die Höhe der Ausbeulung e der Wurzel aus der Kraft proportional sei. Damit es zur Berührung kommt, muß sie gleich sein der elektrostatischen Ausbeulung. Die diese bewirkende Kraft beträgt nach Gl. (34) $\dfrac{11}{10^{12} \cdot a^2}$ kg pro mm². Aus $a = e$ ergibt sich $a = 2 \cdot 10^{-4}$ mm.

Der „Extrastrom" des Relais lädt die Leitung schon in rund 10^{-7} sek auf 100 V auf. Daher findet das elektrostatische Zusammenklappen schon wenige μs nach der Öffnung des Kontaktes statt, wie es das Oszillogramm zeigt. Das entspricht bei der langsamen Bewegung des Magnetankers etwa einem Abstande von 10^{-7} mm.

Damit dürfte die rätselhafte „kalte Punktentladung" erklärt sein.

Sonstige störende Erscheinungen

A. Das Prellen

Bei elektromagnetischen Relais, aber auch sonst, erhält das bewegliche Schaltstück oft eine beträchtliche Geschwindigkeit. Dann geschieht es leicht, daß die Schaltstücke beim Schließen nach der ersten stoßartigen Berührung wieder auseinanderprallen, was sich wiederholen kann. Diese als Prellen bezeichnete Erscheinung bewirkt nach dem ersten Stromschluß eine kurzzeitige Unterbrechung und damit bei hinreichender Stromstärke einen Öffnungsfunken, der einen Schließungsfunken vortäuscht und für die Kontakte nachteilig ist. Erst nach der Prellzeit (Größenordnung 0,001 sek) bleibt der Schalter dauernd geschlossen.

Am meisten schadet das Prellen dem Schalter, wenn der Strom im ersten Augenblick nach dem Schließen viel stärker als der Dauerstrom ist, wie beim Einschalten von Metallfadenlampen (s. S. 11) oder von Transformatoren (s. S. 59), besonders aber bei der Entladung von Kondensatoren und daher bei mit Kondensatoren arbeitenden Löschschaltungen für Gleichstrom. Hingegen ist Selbstinduktion geradezu günstig, da das Prellen meist schon erledigt ist, ehe der Strom sich voll entwickelt hat.

Um das Prellen zu verhindern, muß man den Stoß am Kontakte möglichst sanft machen, vor allem große Geschwindigkeiten vermeiden.

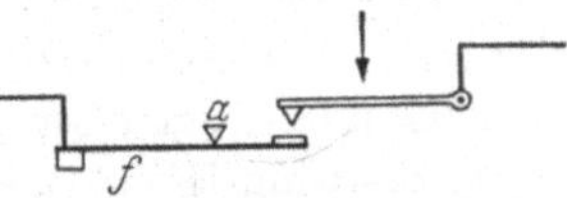

Bild 79. Verhütung des Prellens

Ferner hilft es, das eine Schaltstück leicht zu gestalten und es nach Bild 79 auf eine Feder f mit Anschlag a zu setzen, der möglichst nahe dem Kontakt angeordnet ist. Noch wirksamer, aber mehr Kraft erfordernd, ist die Anordnung nach Bild 77. Doch läßt sich das Prellen nicht immer ganz verhindern.

Auch beim *Öffnen* kann nach [13] das Prellen vorkommen, also kurzes nochmaliges Schließen nach dem ersten Öffnen. Zu erklären ist es wohl nur durch ein elastisches Hin- und Zurückschwingen des Kontaktträgers und müßte sich durch zweckmäßige Bauart des Schalters (Relais) unschwer vermeiden lassen. Schädlich wäre es, abgesehen von der größeren Beanspruchung der Kontakte, besonders bei den Schaltungen nach Bild 42 und Bild 47, wenn der Kondensator während der

ersten Öffnungszeit mehr an Ladung aufnimmt, als er während der
Schließungszeit wieder abgibt. Das würde die zu unterbrechende Spannung um jene erhöhen, die der Kondensator inzwischen erhalten hat,
und dazu zwingen, ihm eine reichliche Kapazität zu geben.

Ohne Oszillografen läßt sich nur das Prellen beim Einschalten beobachten. Ein sauberer Schalter darf beim Schließen eines Stromes von
z. B. 220 V und 1 A auch im Dunkeln kein Fünkchen zeigen, wenn er
prellungsfrei ist.

B. Das Schweben

Bei sehr starken Strömen (über 50 bis 100 A Augenblickswert) kann
es geschehen, daß der bei der ersten Berührung der Schaltstücke ent-
wickelte Metalldampf das bewegliche Schaltstück kurze Zeit (z. B.
$^1/_{1000}$ sek) in der Schwebe hält, so daß während dieser Schwebephase ein
Lichtbogen brennt. Das steigert die Hitzeentwicklung und schädigt den
Schalter. Auf dieser Erscheinung beruht es, daß das Laden oder Entladen eines Kondensators durch einen Schalter ohne Vorschaltwiderstand, z. B. von $2\,\mu$ F bei 220 V, nicht geräuschlos erfolgt, wie man erwarten möchte, sondern mit einem knallenden Funken. Vielleicht wirkt
dabei auch die buckelförmige Ausdehnung der Metalloberfläche durch
die plötzliche Erwärmung mit; der TRAVELLYANsche „Wackler" der alten
Physikbücher beruht bekanntlich darauf.

C. Das Schweißen

Wenn durch einen Schalter infolge des Schließens oder nach dem
Schließen ein starker Stromstoß, wie ihn Kondensatorentladungen ergeben, gegangen ist, ist häufig der Kontakt mehr oder weniger zu-
sammengeschweißt. Es ist das kein eigentliches Schweißen im Sinne
der alten Schmiedekunst, welches nur solche Stoffe zeigen, die wie Eis
und Eisen sich beim Erstarren ausdehnen und daher unter starkem
Druck schmelzen. Vielmehr handelt es sich um autogenes Löten; an der
Berührungsstelle schmilzt infolge der Erwärmung im Übergangswiderstand ein wenig Metall beider Kontaktstücke und haftet nach dem Erkalten zusammen.

Danach möchte man glauben, daß Erhöhen des Übergangswiderstandes, z. B. durch eine Oxydschicht, das Schweißen begünstigen sollte. Das
Gegenteil ist der Fall. Legt man zwei Silberschalter, von denen einer
blank, der andere durch vorhergegangene Lichtbögen angegriffen ist, in
Reihe und schließt an dritter Stelle die Entladung, so schweißt der
blanke Schalter eher, obwohl am anderen Schalter ein stärkeres Schließungsfeuer zu sehen ist. Das beruht vermutlich nicht darauf, daß die
Zwischenschicht das Schweißen hindert, sondern darauf, daß bei dem

größeren Abstande des Kontaktes (noch vermehrt durch die S. 81 beschriebene Erscheinung des „Schwebens") der entstehende Lichtbogen die verfügbare Wärmemenge über eine größere Fläche verteilt, als wenn einzelne kleine Punkte der Metalle in unmittelbarer Berührung stehen.

Aus dem gleichen Grunde wirkt die gleiche Entladungsenergie bei Spannungen, die U_g überschreiten und daher schon vor der Berührung überschlagen, weniger stark schweißend. — Im selben Sinne wirkt auch das „Prellen", vorausgesetzt, daß die vorhergehende Berührungszeit kleiner als die Dauer des Stromstoßes ist.

Die verschiedenen Schaltstoffe neigen um so mehr zum Schweißen, je niedriger ihr Schmelzpunkt liegt und je edler sie sind. Graphit und Kohle schweißen nicht.

Ein auf 220 V geladener Kondensator von 1 μF besitzt eine Ladungsenergie von etwa $^1/_{40}$ Wsek oder 0,006 gcal. Das reicht zwar nur aus, um ungefähr 0,1 mg Metall zu schmelzen, genügt aber, um saubere Schaltstücke aus den meisten Metallen (nicht Wolfram) so zusammenzuschweißen, daß mehrere Gramm zum Trennen erforderlich sind. Das Vorschalten einer Selbstinduktion, die die Entladungsfrequenz auf etwa 100000 herabsetzt, vermindert diese Wirkung noch nicht merklich.

Das Schweißen ist nicht nur wegen der für das folgende Öffnen erforderlichen größeren Schaltkraft störend, sondern auch weil dabei die Kontaktstücke beim Öffnen des Schalters durch Herausreißen von Metallstückchen beschädigt werden.

D. Die elektrostatische Selbstunterbrechung

Erst durch die von ihr verursachten Radiostörungen wurde man auf eine Erscheinung aufmerksam, die dem „Glockenspiel" bei Elektrisiermaschinen entspricht, die man aber bei 220 V nicht erwarten möchte.

In den elektrischen Heizkissen befinden sich Thermoschalter, die den Strom unterbrechen, sobald eine bestimmte Temperatur (etwa 80° C) erreicht ist. Der Thermoschalter besteht aus einer Bimetallzunge, die sich bei Erwärmung verbiegt und einen zarten Druckkontakt öffnet. Gemäß der thermischen Zeitkonstante des Heizkissens sollte dieser Schalter mit einem Tempo in der Größenordnung von einer Minute sauber arbeiten. Statt dessen ist, sofern nicht Gegenmaßnahmen getroffen sind, bei Gleichstrom fast jede Schaltung mit einem singenden Ton (Schwingungsdauer des Bimetallstreifens) verbunden, der meist weniger als eine Sekunde, mitunter aber minutenlang dauert. Bei Wechselstrom ist der Vorgang wegen der Interferenzen zwischen seiner Schwingung und der Feder unregelmäßig und hat keine bestimmte Tonhöhe. Man kann das Schwingen des Schalters unmittelbar hören; deutlicher vernimmt man es in einem Kopfhörer, den man einpolig an den einen Netzpol legt; noch lauter macht es sich in den Radioempfängern der Nachbarschaft geltend. Zugleich zeigt ein eingeschalteter Strommesser einen verminderten, schwankenden Strom an.

Die gleichen Störungen treten auch an anderen Thermoreglern auf sowie an den thermischen Blinkschaltern für Lichtreklame usw. sofern die Stromstärke nicht die Grenzstromstärke überschreitet.

Die Erscheinung ist nach [10] darauf zurückzuführen, daß beim langsamen Schließen des Schalters ein Augenblick eintritt, wo sich die gegenüberstehenden Flächen so nahe kommen, daß trotz ihrer Kleinheit die elektrostatische Anziehung genügt, um ein völliges Zusammenklappen zu bewirken. Ihre Kraft berechnet sich nach den Gl. (33) und (34) und beträgt bei Heizkissen einige mg.

Im Augenblick der Berührung sinkt die Spannung auf 0, der Schalter öffnet sich wieder usw. Die Schwingungsamplitude beträgt nur einige Tausendstel Millimeter.

Die Plötzlichkeit der Unterbrechung läßt im Leitungsnetz hochfrequente elektrische Schwingungen entstehen, welche die Radiostörungen verursachen. Infolge der Häufigkeit der Unterbrechungen werden die Kontakte unverhältnismäßig schnell abgenutzt. Als Gegenmittel wendet man Kontakte aus Metallen (Platin- und Eisenlegierungen) an, die zum Schweißen neigen, was man noch durch Parallelschalten eines kleinen Kondensators begünstigen kann, ferner Reibung an der Bimetallzunge, wodurch ihr Schwingen verhindert wird, oder sog. Knickregler mit schnappender Feder. Alle diese Mittel vermindern aber die Temperaturgenauigkeit des Schalters beträchtlich.

Bei empfindlichen Relais (z. B. Spannungsrelais) stört die elektrostatische Anziehung u. U. merklich, was sicher oft nicht erkannt worden ist. Da die Anziehung mit dem Quadrate der Spannung wächst, kann man sich (z. B. bei Bimetall-Thermostaten) durch Herabsetzen derselben helfen. Aber selbst bei 50 V kann es noch zu solchen Schwingungen kommen. — Solche Schwingungen entstehen auch dann, wenn infolge höherer Netzspannung oder erheblicher Selbstinduktion Glimmlicht auftritt, obgleich eine völlige Unterbrechung des Stromes nicht stattfindet.

Pflege der Kontakte

Auch wenn feinere Kontakte nicht durch Abbrand, sondern nur durch Verschmutzen leiden, müssen sie von Zeit zu Zeit gereinigt werden. Man nehme dazu weiches fettfreies Leder, nicht Schmirgel- oder Glaspapier, die isolierende Körner zurücklassen, auch nicht Papier, das Fasern abgibt. Nötigenfalls kann man die Stelle vorher mit einem Pinsel und reinem Tetrachlorkohlenstoff (CCl_4) waschen. Benzin ist ungeeignet, weil es immer Fettstoffe enthält, die nach dem Verdunsten zurückbleiben. Verformte Kontakte arbeitet man mit einer feinen Feile nach, die fettfrei (mit CCl_4 gewaschen) sein muß. Polieren ist unnötig, eher schädlich. — Bei groben Kontakten, an denen Funken auftreten, ist solche Vorsicht unnötig. — Das harte Wolfram läßt sich nur mit Schmirgel oder dgl. bearbeiten.

Bei Schleifkontakten ist das Öl, wenn es durch Verstauben, verriebenes Metall oder Funken schwarz geworden sein sollte, zu erneuern. Nacharbeiten erfolgt mit Glaspapier, womöglich senkrecht oder schräg zur Schleifrichtung.

Die Erwärmung von Schaltern

Die Erwärmung eines Schalters darf aus Sicherheitsgründen und zur Vermeidung von Oxydation eine gewisse Höhe — etwa 80° C — im Dauerbetrieb nicht überschreiten. Die Schaltstücke selbst dürfen vorübergehend heißer werden, wenn sie aus geeignetem Stoffe bestehen. Die Erwärmung rührt teils vom Dauerstrom, teils von den einzelnen Schaltvorgängen her. Folgende Ursachen kommen in Betracht:

a) Übertragung von benachbarten warmen Widerständen, Spulen usw.

b) Ohmsche Widerstände in den Zuleitungen zur Schaltstelle. Die sekundliche Wärmemenge ist dem Quadrate des Stroms proportional, daher bei schwachen Strömen unbedeutend.

c) Übergangswiderstand $R_ü$ am Kontakte. Die Erwärmung entspricht der Verlustleitung $i^2 \cdot R_ü$. Über die Höhe von $R_ü$ s. S. 66 ff.

d) Entladung eines Kondensators beim Schließen des Schalters, wobei ein mehr oder weniger großer Bruchteil von dessen Ladungsenergie (s. S. 56) auf den Schaltern kommt.

e) Lichtbogen und dgl. beim Öffnen des Schalters, die gefährlichste Ursache. Die jedesmal freiwerdende Energie beträgt

$$A = \int_0^T u_u \cdot i \cdot d t \text{ Joule},$$

wobei T die Dauer des Vorgangs, u_u und i die Augenblickswerte von Strom und Spannung am Schalter bedeuten.

Die Zeit T hängt bei Gleichstrom von Stromstärke, Schaltgeschwindigkeit, Art der Löschung, der wirksamen Selbstinduktion usw. ab. Bei selbstlöschendem Wechselstrom (s. S. 50 ff.) beträgt sie zwischen 0 und $\frac{1}{2}$ Periode. — Die Spannung u_u hängt davon ab, ob Lichtbogen oder Glimmlicht auftritt. Im ersten Falle (und wohl auch bei Unterschreitung des Grenzstroms) ist sie nicht viel höher als die Bogenmindestspannung U_b, im zweiten Falle als die Glimm-Mindestspannung U_g. Bei Anwendung eines Löschkondensators scheint am schwingenden Lichtbogen eine höhere Spannung als U_b zu entstehen, was vielleicht mit dem periodischen Auftreten von Glimmlicht zu erklären ist. — Über den zeitlichen Verlauf des Stroms i läßt sich nahe der Grenzstromstärke nichts Bestimmtes sagen. Tritt bei Gleichstrom Lichtbogen oder Glimmlicht auf, so kann man in grober Annäherung linearen Abfall des Stroms mit der Zeit annehmen. Bei Anwendung eines Löschkondensators ist auch der Schwingungsstrom einzusetzen.

In den Fällen d) und e) wird von der Energie A nur wenig unmittelbar durch Strahlung und Luftbewegung abgeführt, so daß sie sich fast ganz auf die Schaltstücke überträgt. Bei Lichtbogen kommt auf die Anode, bei Glimmlicht auf die Kathode der weitaus größere Anteil. Die Wärmemenge beträgt

$$W = 0{,}24\, A \text{ gcal}.$$

Brennt z. B. ein Lichtbogen von 2 A mittlerer Stärke durch 0,1 s, so wäre ungefähr $A = 4$ Joule, $W = 1$ cal.

Die Temperatur, welche die Schaltstücke durch die Energie A erreichen, hängt davon ab, welche Metallmasse an der Erwärmung beteiligt und wie hoch deren spezifische Wärme ist. Letztere beziehen wir bequemer nicht wie üblich auf 1 g, sondern auf 1 cm³; dann ist sie nämlich für alle Metalle der Tab. 1 (S. 9) nicht sehr verschieden und schwankt nur zwischen 0,65 und 1 cal/cm³. Die mittlere Erwärmung der Metallmasse von v cm³ beträgt daher

$$\vartheta \cong \frac{W}{0{,}8\,v} = \frac{0{,}03\,A}{v}\; °C.$$

Im obigen Beispiel wären es für 0,1 cm³ etwa 12° C.

Bei n Schaltungen je Sekunde entspricht die sekundlich erzeugte Wärmemenge der Leistung $n \cdot A$ und erhitzt den Schalter so hoch, bis die Kühlung ihr das Gleichgewicht hält. Die meist kleinen Schaltstücke der Schwachstromgeräte kühlen sich hauptsächlich durch Wärmeleitung an ihre Träger und werden daher im Mittel um so heißer, je schlechter sie selbst Wärme leiten (s. Tab. 1), je schlechter ihr Wärmeschluß an die Träger ist und je schlechter diese die Wärme an die Luft abgeben. Einer Berechnung sind diese Dinge kaum zugänglich, doch gelten für den Fall, daß eine merkliche Erwärmung überhaupt in Frage kommt, folgende Regeln:

Einen Schalter, dessen Erwärmung bedenklich ist, soll man nicht an eine an sich warme Stelle des Gerätes verlegen. Aufgesetzte Kontaktstücke sollen in gutem Wärmeschluß (Lötung) mit ihren Trägern stehen und, wenn sie die Wärme schlecht leiten (Platin), nicht dick sein. Als Träger ist womöglich Kupfer oder Phosphorbronze zu wählen. Den Trägern soll eine hinreichende kühlende Oberfläche, nötigenfalls durch Kühlrippen oder dgl., gegeben werden. Die Zuleitungen sind so stark zu machen, daß sie nicht Wärme liefern, sondern ableiten. Bei Gleichstrom ist jenes Schaltstück, welches schlechter gekühlt ist, z. B. auf einer

Feder sitzt, bei Lichtbogen als Kathode, bei Glimmlicht als Anode einzurichten. Für niedrigen Übergangswiderstand ist zu sorgen.

Die Abnutzung von Druckkontakten bei Gleichstrom
A. Übersicht

Bei Schaltern mit Druckkontakten („Abhebekontakten") ist die Abnutzung der Schaltstücke durch ihren mechanischen Stoß aufeinander im allgemeinen unbedeutend. Schädigend wirkt nur ihre elektrische Beanspruchung. Zwar läßt das einmalige Schließen und Öffnen eines mäßigen Stroms kaum eine merkbare Spur auf den Kontakten zurück. Die Schäden aufeinanderfolgender Schaltungen summieren sich aber, und nach und nach wird der Schalter bis zur Unbrauchbarkeit verdorben und verlangt Nacharbeiten oder Auswechseln der Schaltstücke oder mindestens Nachstellen des Schaltweges. Lange Lebensdauer, wie sie z. B. für Relais der Fernsprechtechnik verlangt wird, läßt sich also zuverlässig nur erreichen, wenn die Schädigung durch jeden einzelnen Schaltvorgang äußerst klein gehalten wird.

Solange man nicht das geringste Fünkchen sieht, erleiden die Schaltstücke keine merkliche Veränderung; darüber hinaus nimmt aber die Schädigung mit der Leistung rasch zu. Sie ist ungleich für Ein- und Ausschalten sowie für Kathode und Anode; auch hängt sie vom Schaltstoff, von Spannung, Strom, Stromdauer und sonstigen Umständen in recht unübersichtlicher Weise ab.

Unedle Metalle (Kupfer und Wolfram) leiden hauptsächlich durch Oxydation; beide werden nur für grobe Kontakte und große Schaltkraft verwendet. Bei den Edelmetallen — ausschließlich solche sind für feine Kontakte brauchbar — beruht der Stoffverlust teils unmittelbar auf Ionenstoß (sowohl ausschließlich bei der Kathodenzerstäubung), teils auf Verdampfung infolge der erzeugten Hitze. Dabei wandert Metall vom einen Schaltstück weg und schlägt sich zum Teil auf dem anderen nieder. Man kann das zeigen, indem man zwischen einem Silberstift als Kathode und einer blanken Kupferplatte einen Lichtbogen zieht und ihn in gleichbleibendem Abstande über die Platte wandern läßt. Bei kurzem Bogen wird das Kupfer versilbert, bei langem nicht, wohl weil dann der Silberdampf die Anode nicht erreicht. Ebenso kann man umgekehrt Kupfer auf einem Silberblech niederschlagen. Oft wird die Verformung und Stoffwanderung auch durch das Schweißen beim Schließen und das Zerreißen der Schweißstelle beim nächsten Öffnen versucht.

Die Vielfältigkeit der Bedingungen gestaltet die Erforschung dieser Vorgänge recht umständlich. Sie wurde besonders im Hinblick auf die häufig vorkommende Aufgabe betrieben, mit einem Relais ein anderes zu schalten, wobei der geschaltete Strom in der Größenordnung von 1 A liegt und die Lebensdauer mindestens 10^6 Schaltungen betragen soll. Der Funken wird durch einen Kondensator nach Bild 47 gelöscht. Die Bedingungen für geringsten Verschleiß beim Ein- und Ausschalten widersprechen sich dabei, indem erstere auf einen möglichst großen, letztere auf einen möglichst kleinen Vorschaltwiderstand R_d für den Kondensator lautet.

Im folgenden sind auszugsweise die diesbezüglichen Arbeiten von W. Krüger [*11*] und R. Holm [18] wiedergegeben. Sie sind verschiedene Wege gegangen und auch nicht ganz zu gleichen Ergebnissen gelangt. Krüger, dessen Ausführungen auch für den Praktiker ohne weiteres anschaulich sind, begnügt sich damit, die gefundenen Abnutzungen bildlich darzustellen und deren Gesetze abzuleiten, während Holm auch noch den Ursachen nachforscht und eine Vorausberechnung der Abnutzung und damit der Lebensdauer eines Schalters anstrebt, was begreiflicherweise nur sehr unvollkommen gelingt. Seine tiefgründigen Überlegungen erfordern so viel mathematischen Aufwand, daß bezüglich derselben auf die Originalarbeiten verwiesen werden muß. — *Eingestreute Bemerkungen des Verfassers sind kursiv gedruckt.*

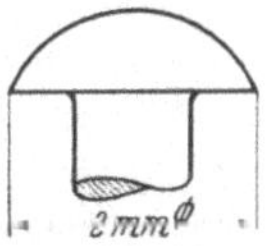

B. Untersuchungen von W. Krüger

Bild 80.
Kontaktniet

Die Bestimmung der Schäden geschieht durch Beobachtung der Formänderungen mit der Lupe, die nachgezeichnet wurden und abgebildet werden. Untersucht wird fast nur *Feinsilber*, und zwar in Form von Nieten nach Bild 80, die auf Relais angebracht sind. Der Grenzstrom i_u, ermittelt durch die Versuche, wird als Hyperbel angesehen mit den Asymptoten U_b und i_{ug}. Er steigt beträchtlich mit der absoluten Feuchtigkeit h^1, die in g Wasser auf den Kubikmeter Luft ausgedrückt wird (s. Tab. 10). Bei 20° C und 80% rel. Feuchtigkeit ist $h \cong 14$. — U_b ist von h unabhängig.

Tabelle 10.

h g/m³	i_{ug} A	i_u für $U = 60$ V A
5	0,56	0,71
20	0,68	0,85
30	0,75	0,94

Einige der vielen Bilder angegriffener Schaltstellen zeigen die Tab. 11 bis 14. Vergrößerung wie vermerkt, Feuchtigkeit h, Zahl der ausgeführten Schaltungen n.

1. Ausschalten eines Ohmkreises (Bild 11, Tab. 11 und 12)

Mit einem wenig prellenden Schalter wird bei der Spannung U ein Strom I aus- und eingeschaltet. Nur ersteres schädigt. $n = 500000$.

---

[1] Im Gegensatz zu Angaben von Holm, vgl. Bild 19.

Tabelle 11.

Nr.	U V	I A	h g/m³	Kontakte 18fach vergrößert	Nr.	U V	I A	h g/m²	Kontakte 18fach vergrößert
1	60	0,4	6		7	24,5	0,4	6	
2	60	0,7	6		8	24,5	0,8	6	
3	60	0,8	6		9	24,5	1,1	6	
4	60	0,9	6		10	24,5	1,2	6	
5	60	0,95	32		11	24	1,55	32	
6	60	0,975	32		12	24	1,6	32	

Folgende Schlüsse ergeben sich: In Ohmkreisen werden die Schaltstücke durch das Ausschalten stark angegriffen, sobald entweder

a) bei Spannungen $U > 16,5$ V der Grenzstrom i_u überschritten wird. Er liegt für $U = 60$ V zwischen Nr. 2 und 3 (0,7 A), für $U = 24$ V zwischen Nr. 8 und 9 (1,05 A).

Bei Überschreitung dieser Grenzen, die „bei Kontaktgabezahlen bis zu einigen Millionen ohne Bedenken (?) erheblich überschritten werden können", wandert Silber von der Kathode zur Anode. „Die Mulde der negativen Kontakthälfte hat eine scharfe Begrenzung, ist vollkommen glatt und hat ein goldfarbenes Aussehen. Die Erhöhung auf der positiven Kontakthälfte ist mit Silberoxyd bedeckt, von rundlicher Form und verhältnismäßig leicht von dem Kontakt zu lösen."

b) oder bei Spannungen $U < 16,5$ V eine gewisse andere Stromstärke i_m überschritten wird, die für $U = 0$ bis $U = 20$ V ungefähr von 1,4 auf 0,6 A sinkt.

Tabelle 12. $n = 5 \cdot 10^5$.

Nr.	U V	I A	h g/m³	Kontakte 18fach vergrößert
13	16,5	0,6	7	
14	16,5	1,0	7	
15	16,5	2,5	7	
16	10,1	0,9	7	
17	10,1	1,0	7	
18	2,1	1,1	7	
19	2,1	1,4	7	

Bei Überschreitung dieser Grenze wandert Silber von der Anode zur Kathode (Nr. 13 bis 18). „Für Kontakte mit hohen Betätigungszahlen müssen daher Belastungen in diesem Bereich vermieden werden, zumal das übergeführte Metall sich in ziemlich spitzen Kegeln ansetzt."

Versuche mit getrennter Ein- und Ausschaltung zeigen für erstere einen Zuwachs der Kathode, der aber für $U > 16$ V durch die umgekehrte Wanderung beim Ausschalten übertroffen wird. Bei niedriger Spannung erfährt die Kathode einen Zuwachs auf Kosten der Anode sowohl beim Ein- als Ausschalten.

2. Ausschalten eines induktiven Kreises

Zum Beispiel: Schon die Selbstinduktion eines Schiebewiderstandes mit 600 Windungen (etwa 0,03 H) genügt, um bei 60 V nach 500 000 Ausschaltungen mit 0,5 A eine ebenso große, unzulässige Abnutzung der Kathode hervorzurufen wie sonst 1 A.

3. Entladen eines Kondensators (Bild 64, Tab. 13)

Die Entladung erfolgt über einen induktionsfreien Widerstand R_d. $I_c = \dfrac{U}{R_d}$ bedeutet den maximalen Entladestrom. Bei den folgenden Versuchen war $h = 8$ g/m³.

Die meisten Versuche wurden mit dem in der Fernsprechtechnik üblichen Kondensator von 2 μF ausgeführt und hierfür gefunden, daß eine *Wanderung zur Kathode* vermieden wird, wenn

$$R_c > \frac{U^2}{a} \cdot R_c' , \qquad (35)$$

wobei R_c' die unvermeidlichen Widerstände des Kreises und Schalters bedeutet, die zu 0,7 Ω angesetzt werden. Für eine „unter gewissen Umständen noch zulässige" Wanderung ist $a = 93$, für Vermeiden derselben $= 140$.

Wenn U größer ist als etwa 10 V, kann R_c' gegenüber R_c vernachlässigt werden.

Tabelle 13.

Nr.	U V	C μF	R_d Ω	I_c A	$n/10^5$	Kontakte	Vergröß.
20	60	2	5	12	2,5	+ −	6
21	60	2	20	3	5	+ − + −	6
22	60	2	30	3	5	+ −	18
23	24	1	0	?	2,5	+ −	6
24	24	2	2	12	2,5	+ −	6
25	24	2	6	4	5	+ −	18
26	8,5	2	0	?	5	+	18
27	8	2	0	?	5	−	18

Dann läßt sich obige Formel umformen zu

$$I_c < \frac{a}{U}\,.$$

Das bedeutet: die Kennlinie von I_c ist eine Hyperbel mit den Koordinaten-achsen als Asymptoten, die bei mittleren Spannungen ungefähr mit der Kenn-linie des Grenzstromes i_u übereinstimmt. Wanderung zur Kathode tritt also ein, wenn der Entladungsstrom unter i_u bleibt.

4. Ausschalten eines induktiven Kreises mit CR-Löschkreis
(Bild 42, Tab. 14.)

Für geringen Verschleiß des Schalters werden folgende Bedingungen aufgestellt:

1. Der Strom I darf nicht größer als der Grenzstrom für die Spannung U sein.

2. Der Widerstand R_c darf nicht kleiner sein als nach Gl. (35).

3. Der Widerstand R_c darf nicht so groß sein, daß am Schalter die Glimmspannung überschritten wird.

Die Versuche, bei deren Mehrzahl als Selbstinduktion L ein Dreh-wählermagnet mit 1250 Windungen, Größenordnung von L etwa 1 H, diente, ergeben eine starke Abnutzung der Schaltstücke, die auf Grund schöner Oszillogramme auf das Prellen beim Ausschalten zurückge-führt wird. Tab. 14 zeigt einige Beispiele, aufge-nommen mit

$U = 24$ V, $n = 500\,000$, 6fache Vergrößerung.

Die Umkehrung der Stoffwanderung zwischen Nr. 29 und 30 beim nicht prellenden Schalter ist mit der Überschreitung des Grenzstroms zu er-klären, die Umkehrung zwischen Nichtprellen und Prellen in Nr. 31 aber in der Tat nur durch Öffnungsprellen.

Tabelle 14.

Nr.	C μF	R_c Ω	I A	Kontakte nicht prellend	prellend
28	2	20	1,2		
29	2	25	1		
30	2	27,5	0,88		
31	2	30	0,8		
32	8	25	1		
33	8	30	0,8		
34	30	25	1		
35	30	30	0,8		

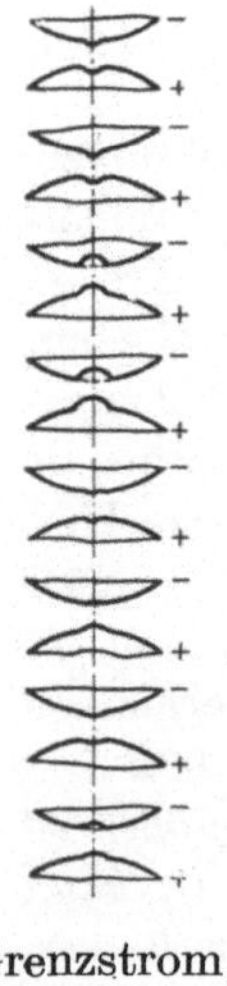

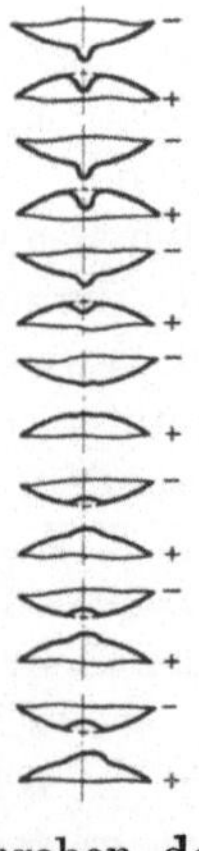

Versuche mit 24 V und 1,4 A, also nahe dem Grenzstrom, ergeben, daß bei prellendem Schalter 2 μF noch nicht genügen, bei 8 μF und richtig

bemessenem $R_c = 14\,\Omega$ aber der Verschleiß in erträglichen Grenzen bleibt.

„Einige Sonderversuche mit getrenntem Ein- und Ausschaltevorgang konnten die Behauptung stützen, daß die hauptsächliche Metallüberführung zur negativen Kontakthälfte nur bei der Kontaktöffnung vor sich geht und nicht bei der Kontaktschließung, wie oft fälschlicherweise behauptet wird.“

Weiterhin wird der Ersatz des Widerstandes R_c durch eine kleine Selbstinduktion empfohlen. Als solche „Funkenlöschspule“ dienen z. B. 150 Windungen Kupferdraht auf einem Eisenstift von 4 mm $\varnothing$ und 22 mm Länge. „Einige Versuche zeigten, daß mit einer richtig bemessenen Funkenlöschspule und einem 4 μF-Kondensator die Belastungsgrenze von Silberkontakten von 1,5 A auf ungefähr 1,8 A heraufgesetzt werden kann.“ (*Hier liegt freilich eine ganz andere Art von Funkenlöschung vor, nämlich die nach Bild 47.*)

Platin ist ein besserer Schaltstoff als Silber. Es wird gefunden

$$U_b = 13{,}5\ \text{V}$$
$$i\ = 0{,}75\ \text{A bei etwa 200 V}$$
$$a\ = 180\text{—}200\ \text{in Gl. (35) bei } h = 8\ \text{g/m}^3.$$

Zum Beispiel ergab sich bei $h = 500\,000$,

$$U = 60\ \text{V} \qquad\qquad C\ = 1\ \mu\text{F}$$
$$I\ = 1\ \text{A} \qquad\qquad R_c = 55\ \Omega$$

nur eine „ganz geringe Veränderung beider Kontakthälften“.

Das englische Schaltmetall PGS (wahrscheinlich dem H-Metall von Heräus entsprechend) erweist sich als dem Silber wenig überlegen.

C. Untersuchungen von R. Holm

Die Abnutzung der Kontakte wird durch Wägen bestimmt, und zwar unter Trennung von Ein- und Ausschaltvorgang, indem der Strom an einer anderen als der zu prüfenden Stelle aus- bzw. eingeschaltet wird. Die gewanderte Stoffmenge gibt Holm nicht in g, sondern der besseren Anschaulichkeit wegen in cm³ an. Bei seinen Berechnungen geht er davon aus, daß das gewanderte Volumen (*nicht das Gewicht, wie bei der Elektrolyse*) der durch den Lichtbogen geflossenen Elektrizitätsmenge proportional sei, was durch die Messungen mit der zu erwartenden groben Annäherung bestätigt wird. Holm unterscheidet „Grobwanderung“ und „Feinwanderung“.

Grobwanderung setzt Lichtbogen oder Glimmlicht voraus. Von dem aus der Kathode verdampften oder zerstäubten Metall schlägt sich ein Teil wieder auf ihr nieder, ein anderer Teil auf der Anode, ein dritter

Teil verschwindet. Dabei braucht aber die Anode nicht zuzunehmen, sondern kann mehr verlieren als sie gewinnt.

Feinwanderung tritt besonders bei Edelmetallen auf, und zwar dann, wenn die Bedingungen derart sind, daß kein oder nur ein äußerst kurzer Lichtbogen entstehen kann. Dabei wächst die Kathode auf Kosten der Anode. Das kann zur Bildung von Stiften auf der Kathode führen, die sich u. U. mit den entsprechenden Löchern der Anode so verhaken können, daß der Kontakt festklemmt. Bild 81 zeigt ein solches Kontaktpaar aus Gold.

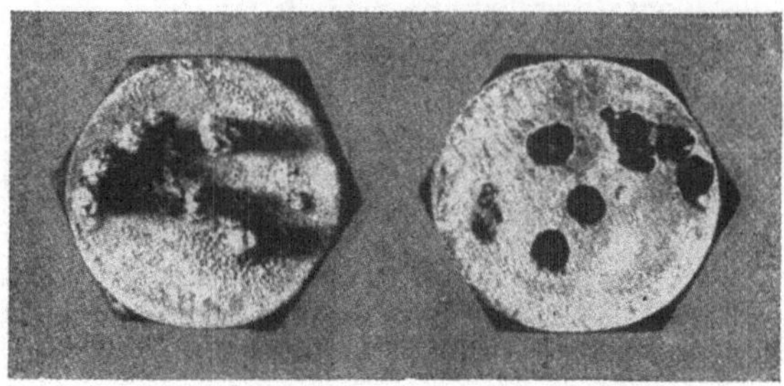

Bild 81. Angegriffenes Kontaktpaar (Gold)

Es folgt eine Auswahl der Tafeln aus [18], die ein wenig umgerechnet worden sind. In allen bedeutet G den Stoffgewinn eines Kontaktstückes in 10^{-10} cm³ je Schaltung. G_a bezieht sich auf die Anode, G_k auf die Kathode. Minuszeichen bedeutet Stoffverlust.

1. Ausschalten eines Ohmkreises (Bild 11)

Tabelle 15.

Nr.	Metall	U V	R Ω	I A	Leist. W	v cm/s	$G_a \cdot 10^{10}$ cm³	$G_k \cdot 10^{10}$ cm³
1	Ag	114	100	1,14	130	10,8	− 48	− 11
2	,,	64	6,4	10	640	5,8	+ 310	− 510
3	,,	60	68,2	0,88	53	10,5	+ 0,8	− 0,8
4	,,	31	3,1	10	310	4,5	+ 25	− 60
5	,,	18	0,6	30	540	5,8	− 84	+ 40
6	Pt	110	73	1,5	165	6,3	+ 6	− 90
7	,,	60	24	2,5	150	6,3	+ 14	− 45

Es hat *Grobwanderung* stattgefunden, mit Ausnahme der Feinwanderung in Nr. 5, die durch den hohen Strom und die niedere Spannung verursacht ist. Als unerklärlich wird der starke Anodenverlust in Nr. 1 angesehen. *Der geringe Anodenzuwachs in Nr. 6 scheint in derselben Linie zu liegen.*

Hier liegt *Feinwanderung* vor, mit Ausnahme von Nr. 12, wo ein schwacher Lichtbogen die Feinwanderung kompensiert hat, und Nr. 18, wo die Kohle nicht etwa zur Kathode gewandert, sondern einfach verbrannt ist. — *Es ist ersichtlich, daß dieselbe Wattzahl um so mehr schadet,*

Tabelle 16.

Nr.	Metall	U V	I A	Leist. W	v cm/s	$G_a \cdot 10^{10}$ cm³
8	Ag	60	0,35	21	10	— 0,0063
9	„	10	2	20	9	— 0,038
10	„	8	7,8	60	1	— 0,67
11	„	8	30	240	—	— 127
12	„	120	0,5	60	—	— 0,0046
13	Au	60	0,3	18	7	— 0,01
14·	„	13	3	39	8	— 0,22
15	„	10	10	100	4	— 2,35
16	Pt	8	3	24	—	— 0,011
17	„	8	30	240	—	— 1,34
18	C	10	10	100	1	— 15

je stärker der Strom, also je niedriger die angewandte Spannung ist. — Der Vergleich zwischen Nr. 11, 15 und 17 zeigt, daß die Verformung von Gold die Mitte zwischen der von Silber und Platin hält: letzteres ist weitaus am widerstandsfähigsten.

Unaufgeklärt bleibt die wirkliche Ursache der Feinwanderung. *Nach [19] entsteht im Kontakte bei der Öffnung eine sehr dünne Brücke aus geschmolzenem Metall: sie haben sie bei einem Strome von 50 A und zwischen Elektroden aus Platiniridium photographiert. An Platinelektroden haben sie bei 80 A nach 100 Unterbrechungen einen Transport von durchschnittlich 0,86 mg festgestellt. Zugleich wurde der Durchmesser der Brücke zu 0,0018 cm gemessen. Rechnet man diese Wanderung auf 60 A um, so erweist sie sich gut 100 mal größer als nach Nr. 17. Warum wohl? Vermutlich wurde sehr langsam geöffnet, und es ist sehr wahrscheinlich, daß die Wanderung in hohem Grade von der Schaltgeschwindigkeit abhängt, und zwar in verkehrtem Sinne.*

Es ist zwar nicht selbstverständlich, aber wahrscheinlich, daß sich auch bei schwächeren Strömen solche Brücken bilden. Aber warum sollte bei der schließlichen Unterbrechung das Metall der Brücke ganz oder zum größeren Teil an der Kathode haften bleiben? Das wäre nur damit zu erklären, daß das anodenseitige Ende der Brücke heißer wird als das andere Ende und daher durchbrennt. [19] machen dafür den Thomsoneffekt verantwortlich. [18] weist durch eingehende Rechnungen nach, daß derselbe ebenso wie der Peltiereffekt kaum dafür in Betracht kommen. *Verfasser hat auf den wenig bekannten und bisher unbeachteten Benedickseffekt aufmerksam gemacht, der an der Übergangsstelle zwischen einem Leiter von sehr kleinem Durchmesser (nahe der freien Weglänge der Elektronen) und einem von größerem Durchmesser stattfindet und eine zusätzliche Erwärmung des anodenseitigen Brückenendes bewirken könnte*[1].

---

[1] Diese Vermutung hat sich inzwischen als richtig erwiesen. Vgl. das Referat auf S. 68 in Heft 3 der ETZ, 1950.

Als Mittel gegen die Feinwanderung empfiehlt [18], a) dafür zu sorgen, daß der Kontakt an stets neuen Stellen stattfindet, „z. B. infolge Drehung" (*wie soll man das machen?*), b) als Anode ein unedleres Metall (Nickel) zu benützen, c) Kontaktstücke aus Wolframkarbid zu nehmen, d) aufeinander eingeschliffene Kontaktstücke mit gekreuzten Rillen zu verwenden. *Sollte nicht das einfachste Mittel darin bestehen, eine genau bemessene Selbstinduktion in den Ohmkreis einzufügen, um durch Grobwanderung die Feinwanderung gerade aufzuheben? Es müßte sich eine bequeme Tabelle oder Formel aufstellen lassen, nach der für eine gegebene Stromstärke und Schaltgeschwindigkeit[1] die erforderliche Selbstinduktion mit zunehmender Spannung abnimmt.*

2. Ausschalten eines induktiven Kreises (Bild 34)

Hierfür liegen nur zwei Versuche mit Schaltstücken aus Gold vor. Ausgesprochene Grobwanderung trat auf. Der Vergleich mit Nr. 7 zeigt die schädigende Wirkung der Selbstinduktion.

Tabelle 17.

Nr.	U V	I A	Leist. W	L H	v cm/s	$G_a \cdot 10^{10}$ cm³
19	6	6	36	$6{,}5 \cdot 10^{-5}$	8	2,23
20	6	5,5	35	$2{,}7 \cdot 10^{-5}$	8	1,45

3. Entladen eines Kondensators (Bild 64)

Es sind sehr große Kapazitäten verwendet worden, so daß ein Vergleich mit Tab. 13 leider nicht möglich ist. Gemeinsam ist nur die Tatsache der Feinwanderung.

Tabelle 18.

Nr.	Metall	U V	C F	R_c Ω	I_c A	P kg	v cm/s	$G_a \cdot 10^{10}$ cm³
21	Ag	110	140	2,6	42	—	1	— 315
22	,,	60	140	0,53	113	—	8	— 650
23	,,	60	150	1,5	40	—	8	— 3,4
24	,,	60	140	2,6	23	—	8	— 19
25	,,	16	140	1,7	9,4	0,1	—	— 0,95
26	Au	108	30	10	10,8	—	8	— 20
27	,,	62	140	0,1	620	—	—	— 1150
28	,,	14	150	0,11	127	0,1	—	— 15,5
29	,,	14	10	0,11	127	0,1	—	— 6,7
30	,,	12,2	10	0,52	23,5	0,65	—	— 0,9
31	Pt	108	140	0,58	186	—	8	— 472
32	,,	16	140	2,6	6,1	0,1	—	— 0,06
33	Cu	8	20	0,12	6,6	0,05	—	— 0,22

---

[1] Möglicherweise fällt diese sogar heraus.

Leider sind die Werte von G für die Kathode nicht angegeben.

Feinwanderung findet statt, wenn $U < U_b$ oder der Entladestrom I_c eine gewisse Grenze (etwa 50 A?) nicht überschreitet und das Schweben ausbleibt.

Es ist nicht wahrscheinlich, daß diese Feinwanderung die gleiche Ursache (Brücken) hat wie die nach Tab. 13. Eine Erklärung dafür fehlt: vielleicht beruht sie auf einem asymmetrischen Zerreißen der gebildeten Schweißstelle.

4. Einschalten eines Ohmkreises

Die Kapazitäten in Tab. 18 sind so groß, daß die Verformung der Schaltstücke für $C = \infty$, also für das Einschalten eines Gleichstromes derselben Stärke nicht größer sein wird. Es findet also dabei je nach Spannung und Stromstärke Grob- oder Feinwanderung statt.

5. Ausschalten eines Ohmkreises mit CR-Löschkreis

Hierfür finden sich in [18] keine Beispiele.

6. Ausschalten eines Ohmkreises mit CL-Löschkreis (Bild 47)

Es erfolgt *Grobwanderung.*

Tabelle 19.

Nr.	Metall	U V	R Ω	I A	Leist. W	C μF	L_c H	R_d Ω	$\mathfrak{d}$	v cm/s	$G_k \cdot 10^{10}$ cm³
34	Ag	114	100	1,14	130	10	0,1	33	0,03	6	— 11
35	,,	8,5	2,1	4	34	10	0,0012	3,5	0,085	8	— 2,2
36	Pt	8,6	2,1	4,1	35	10	0,0012	5,21	0,055	8	— 3,8

Die Kapazität von 10 μF ist gut 100 mal größer als nötig; auch L_c ist zu hoch gewählt. Die Stoffverluste hätten weit geringer sein können. Ganz zwecklos ist der dämpfende Widerstand R_d, der allerdings zu klein ist, um zu schaden, wie das aus C, L_c und R_d berechnete Dekrement $\mathfrak{d}$ zeigt.

7. Ausschalten eines induktiven Kreises mit CR- oder CL-Löschkreis

Für diese wichtigen Schaltungen bringt [18] kein Beispiel.

D. Erörterung der Ergebnisse

Im folgenden sollen auf Grund von B und C sowie sonstiger Erfahrungen und Überlegungen die Ursachen der Schalterabnutzung und die Maßnahmen zu ihrer möglichsten Verminderung zusammenfassend besprochen werden. In Betracht gezogen werden nur Schaltstücke aus Edelmetall, insbesondere Silber, und Spannungen unter U_g.

1. Ausschalten eines Ohmkreises (Bild 11)

Über die *Grobwanderung* braucht weiter nichts gesagt zu werden. Feinwanderung zeigt sich nach [*18*] allgemein unter der Grenzstromstärke, nach [*11*] (S. 80) bei niedrigen Spannungen nur dann, wenn eine gewisse Stromstärke überschritten wird, die mit zunehmender Spannung abnimmt. Die Messungen von [*18*] (Nr. 6 und 12) scheinen das zu bestätigen. Das würde besagen, daß auch die Bildung der feinen Brücken eine gewisse Mindeststromstärke erfordert, was nicht unwahrscheinlich ist. Bedauerlicherweise hat keiner der Forscher Versuche gemacht, bei denen nur die Schaltgeschwindigkeit verändert wurde, was gewiß einiges Licht auf die Brückentheorie geworfen hätte.

Vielleicht gibt es noch eine andere Erklärung für die Umkehrung von der Grob- zur Feinwanderung: Ein Bogen gibt an die Anode stets mehr Leistung ab als an die Kathode. Bei langen Bögen verteilt sie sich auf der Anode derart, daß in der kurzen Zeit keine hohe Temperatur entsteht und das Kathodenmetall sich in breiter Fläche auf der Anode niederschlagen kann. Bei ganz kurzen Bögen könnte aber der Anodenbrennfleck ebenso klein werden wie der kathodenseitige, so daß seine Verdampfung überwiegt und Anodenmetall sich in nächster Nähe des Kathodenbrennflecks ansetzt.

2. Ausschalten eines induktiven Kreises (Bild 34)

Auch bei kleinen Selbstinduktionen und schwachen Strömen werden die Schaltstücke beträchtlich geschädigt, weil Glimmlicht entsteht und dessen Kathodenzerstäubung einige Male mehr Metall wandern läßt als ein Lichtbogen, umgerechnet auf gleiche Stromstärke. — Schaltungen zur Unterdrückung des Funkens sind daher, außer bei ganz schwachen Strömen, unentbehrlich, wenn man einen raschen Schalterverschleiß vermeiden will.

3. Entladen eines Kondensators über einen Widerstand (Bild 64)

Es wird nur *Feinwanderung* beobachtet. Bei schwachen Strömen (ohne Schweben) wird der Verschleiß vermutlich nur durch Prellen bedingt. Das kann man aus den Versuchen von [*13*] schließen. Denn nur bei Auftreten eines Lichtbogens kann der Grenzstrom eine Rolle spielen.

Mit $U = 220\,\text{V}$, $R_c = 5\,\Omega$, demnach $I_r = 45\,\text{A}$ erhält man von $2\,\mu\text{F}$ an einem prellungsfreien Silberschalter keinen Einschaltfunken, an einem prellenden einen sehr geringen. Bei unmittelbarem Kurzschluß funkt aber schon $0{,}01\,\mu\text{F}$ merklich.

Übrigens ist die Helligkeit des Entladungsfunkens dann kein Maß für die Schädigung der Schaltstücke, wenn diese so sauber sind, daß

Schweißen eintritt (s. S. 81). Gerade dabei werden die Kontakte durch das nachträgliche Zerreißen der Schweißstelle stark angegriffen.

4. Entladen eines Kondensators über eine Selbstinduktion (Bild 47)

Dieser Fall tritt bei Löschschaltungen auf. Hier soll nur die reine Entladung behandelt werden. Versuchsergebnisse über den Verschleiß liegen nicht vor, so daß darüber nur Überlegungen angestellt werden können.

Es ist anzunehmen, daß in den Fällen 3) und 4) ein nicht prellender Schalter um so mehr angegriffen wird, je größer das Produkt aus der Stromstärke und der kleinen Zeit ϑ ist, welche der Schalter braucht, um seinen Übergangswiderstand kurzzuschließen. Ist diese Zeit — sie beträgt sicher weniger als 10^{-5} s — kurz gegenüber der Zeitkonstante $T_r = C \cdot R$ und gegenüber einem Viertel der Schwingungsdauer T_k, so ist inzwischen der Strom i_r nur wenig von I_r gefallen und i_k nur wenig über 0 gestiegen. Die entsprechenden Produkte sind in Bild 82 unter Voraussetzung ungefähr gleicher Höchstströme durch schraffierte Flächen angedeutet. Der Fall 4) ist also viel günstiger als der Fall 3).

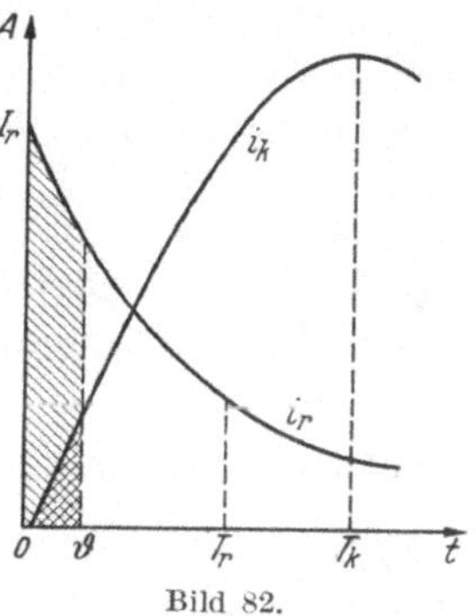

Bild 82.

Die Verhältnisse bei prellenden Schaltern lassen sich nicht übersehen. Ein Silberschalter gibt mit $L_c = 0,00005$ Henry bei

$U = 220$ V, $C = 2\,\mu$F ohne Prellen keinen, mit Prellen mäßigen Einschaltfunken.

$U = 220$ V, $C = 16\,\mu$F ohne Prellen mäßigen, mit Prellen starken Einschaltfunken.

$U = 60$ V, $C = 2\,\mu$F ohne Prellen keinen, mit Prellen sehr geringen Einschaltfunken.

$U = 60$ V, $C = 16\,\mu$F ohne Prellen keinen, mit Prellen mäßigen Einschaltfunken.

Hieraus berechnet sich nach Gl. (28) (S. 57), daß die Amplitude des Entladestroms etwa 50 A nicht überschreiten soll.

5. Einschalten eines Ohmkreises

Die Verhältnisse gleichen völlig den unter 3) bei Verwendung eines großen Kondensators behandelten.

6. Ausschalten eines Ohmkreises mit CR-Löschkreis (Bild 29)

Was darüber auf S. 30 gesagt ist, führt diesen Fall und damit die Abnutzung auf 1) zurück.

7. Ausschalten eines Ohmkreises mit *CL*-Löschkreis (Bild 32)

Brauchbare Angaben über den Verschleiß fehlen. Für Ströme bis etwa 4 A genügt zum Löschen ein ziemlich kurz angelegter Kondensator von 0,01 μF, dessen Kurzschlußfunken beim Einschalten selbst bei 220 V noch harmlos ist. Der Ausschaltfunken erweist sich aber stärker als mit 0,1 μF, wo er kaum sichtbar wird; der Einschaltfunken bleibt immer noch mäßig. Mit 1 μF wird der Ausschaltfunken wieder stärker, der Einschaltfunken schon recht schädlich, sofern man nicht L_c hinreichend groß macht. Es gibt also ein wenn auch sehr flaches Optimum.

Bis etwa 4 A kann man noch mit einer sehr hohen Lebensdauer des Schalters rechnen. Für 8 A braucht man schon ungefähr 2 μF, und der Ausschaltfunken wird so stark, daß die Lebensdauer auf schätzungsweise einige 10^5 Schaltungen heruntergeht.

8. Ausschalten eines induktiven Kreises mit *CR*-Löschkreis (Bild 42)

[*18*] enthält nichts über die Abnutzung. Nach [*11*] müssen die drei Regeln von S. 90 eingehalten werden. Sie lauten, als Ungleichungen geschrieben:

$$1.\ I\ = \frac{U}{R_s} < i_u,$$

$$2.\ I_r\ = \frac{U}{R_c} < i_u,$$

$$3.\ U_u = I \cdot R < U_g.$$

Diese Regeln sollen besagen, daß weder beim Öffnen noch beim Schließen des Schalters Lichtbogen oder Glimmlicht auftreten dürfen.

Zur 1. Regel ist zu bemerken, daß nicht i_u für U, sondern für die kleinere Spannung $U_u = I \cdot R_c$ anzusetzen ist, was [*13*] übersehen hat.

Die 2. Regel gilt nicht für *prellungsfrei schließende* Schalter; bei solchen kann sie (vgl. S. 97) so weit überschritten werden, daß I_r gegen 50 A und somit R_c viel kleiner als R wird. Dadurch läßt sich U_u bedeutend herabsetzen und infolgedessen wird (besonders bei niedrigem U, vgl. Bild 20) i_u und damit der zulässige Strom I höher. Daraus ergibt sich die Möglichkeit, auch bei Strömen, die etwas größer als der Grenzstrom für U sind, eine hohe Lebensdauer des Schalters zu erreichen.

Für *prellende* Schalter hingegen müßte es am günstigsten sein, $R_c = R$ oder wenig kleiner zu wählen, damit $U_u = U$ und Ein- und Ausschaltfunken ungefähr gleich stark werden. Das bestätigen auch die Versuche von [*13*].

Eine Überschreitung der dritten Regel kommt praktisch selten in Frage. Zu beachten ist aber selbstverständlich, daß U_u (s. S. 38) nicht die Glimmspannung überschreitet.

9. Ausschalten eines induktiven Kreises mit CL-Löschkreis (Bild 47)

Zahlenmäßige Erfahrungen liegen nicht vor. Die Größe des Kondensators ist zunächst durch die zugelassene Überspannung bestimmt, gemäß Gl. (22) (S. 41). Nun tritt noch die Forderung hinzu, den Schließungsfunken nach 5) zu mäßigen, also L_c nicht zu klein zu wählen. Diese Bedingungen widersprechen einander zum Teil und sind so verwickelt, daß sich keine allgemeine Gleichung aufstellen läßt.

Praktisch liegt die Sache so, daß in allen Fällen, wo von empfindlichen Schaltern hohe Lebensdauer verlangt wird, auch hohe Überspannung unerwünscht ist. Man kann dann so vorgehen, daß man zunächst nach Gl. (22) oder durch Versuche die erforderliche Größe von C findet. Sie wird, wenn es sich nicht um einen nahezu Ohmschen Kreis ($L = 0$) handelt, immer auch zur Unterbrechung des Stromes bis zu einigen Ampere hinreichen. Danach wählt man L_c so, daß der Entladestrom nicht über 50 A steigt.

Freilich wird die Lebensdauer stets merklich geringer sein als bei Ohmkreisen.

Es ist nicht ausgeschlossen, daß der CL- dem CR-Löschkreis selbst innerhalb des Gebiets, wo letzterer noch wirkt, bezüglich Schonung des Schalters überlegen ist. Jedenfalls kann man damit bei geeigneter Bemessung (s. die Beispiele auf S. 41) erheblich stärkere Ströme bei höherer Spannung so funkenfrei unterbrechen, daß man auf eine Lebensdauer von mehreren Millionen Schaltungen rechnen darf.

E. Neuere Untersuchungen

KEIL und MEYER [26] haben ausführliche Untersuchungen über die Feinwanderung angestellt. Sie zeigen schematisch die verschiedenen Ergebnisse der Feinwanderung (Bild 83) und daß sie u. a. davon abhängt, ob sich das Kontaktmetall in geordnetem Molekularzustande befindet oder nicht (Bild 84). (Die geordnete Phase entsteht durch Glühen in Luft bei 550° durch mindestens 3 Stunden.) Sie ziehen fünf verschiedene Erklärungen für die Feinwanderung in Betracht,

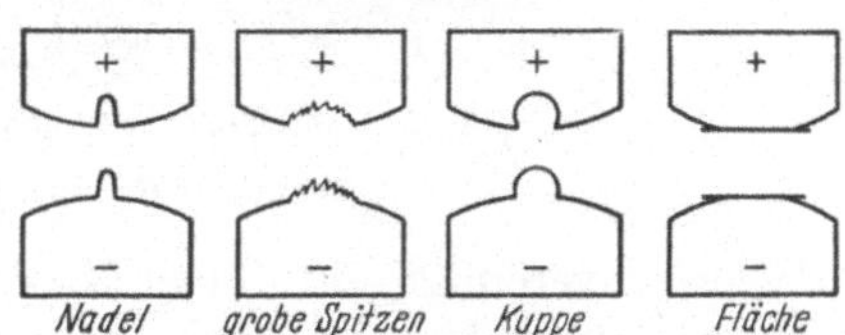

Bild 83. Schematische Darstellung der Erscheinungsformen der Feinwanderung bei verschiedenen Werkstoffen. Die Flächenform stellt den Idealfall für die Praxis dar

halten aber keine für befriedigend. Den Benedix-Effekt erwähnen sie nicht. Vgl. die Fußn. auf S. 93.

Dieselben Forscher [27] haben gefunden, daß Sintermetalle aus Wo oder Mo mit Silber sich keineswegs immer so gut verhalten, wie man es erwarten möchte. „In einem Temperaturbereiche, der oberhalb 550° beginnt, können sich nämlich — besonders bei Gleichstrombetrieb — chemische Reaktionen abspielen, die zur Bildung von Mischoxyden führen,

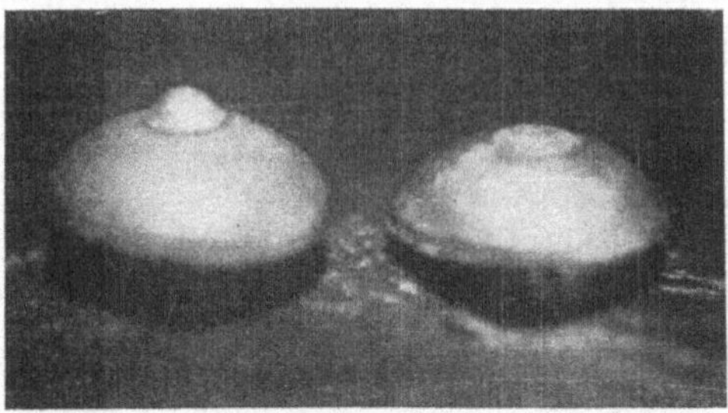

Bild 84. Unterschiedliches Verhalten von Palladium-Kupfer (60/40) bei der Feinwanderung: links Kathode aus ungeordneter Phase nach $16,7 \cdot 10^6$ Schaltungen. (6V,5A). Vergröss. etwa 5f. (nach KEIL und MEYER)

die außerordentlich beständig sind. Das Silber verliert dabei vollständig den Charakter eines Edelmetalles, und die Kontaktoberfläche überzieht sich in ihrer Gesamtheit mit glasigen isolierenden Schlacken (Bild 85)."

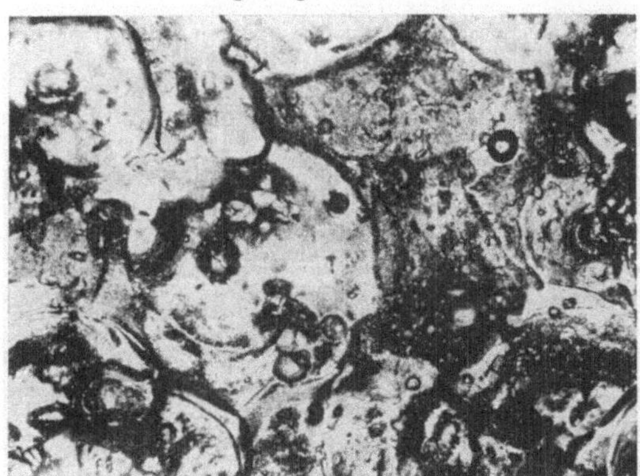

Bild 85. Kontaktoberfläche (Anode) aus Silber-Wolfram nach $1,8 \cdot 10^6$ Schaltungen (36 V, 4 A Gleichstrom), stark oxydiert. Vergröss. 50f. (nach KEIL und MEYER)

Hingegen vereinigt ein Silber-Nickel-Sintermetall „die guten Eigenschaften der beiden Komponenten, nämlich die relativ hohe Abbrandfestigkeit des Nickels und den geringen Übergangswiderstand des Silbers"

Die Abnutzung von Druckkontakten bei Wechselstrom

Über den Verschleiß von Schaltern bei häufiger Unterbrechung mäßiger Wechselströme liegen keine zahlenmäßigen Angaben vor. Aus den Erfahrungen an Gleichstrom läßt sich folgendes schließen:

In einem Ohmkreis findet so lange keine erhebliche Abnutzung der Schaltstücke statt, als die Amplitude den Grenzstrom nicht übersteigt.

Bei stärkeren Strömen, oder wenn der Kreis eine Selbstinduktion enthält, tritt (mindestens im allgemeinen) ein Funken auf, der die Schaltstücke aber nicht so sehr schädigt wie bei Gleichstrom, deswegen, weil im Durchschnitt der Funken wechselnde Stromrichtung hat, so daß zwar die Verdampfung dieselbe ist wie bei Gleichstrom, die Wanderung aber sich durch den Wechsel aufhebt. Die Erfahrung bestätigt das.

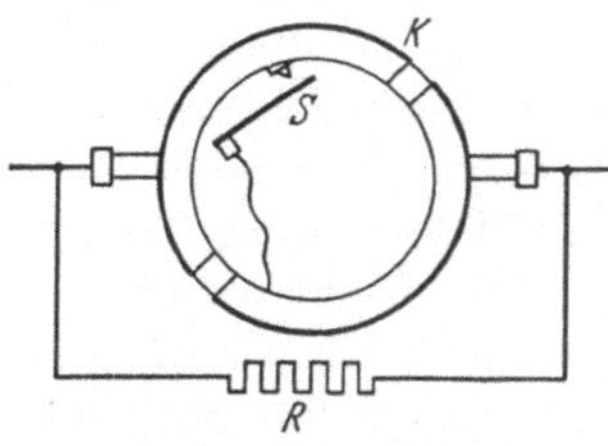

Bild 86. Fliehkraftschalter nach DORNIG

Diesen Vorteil kann man in besonderen Fällen auch bei Gleichstrom erreichen, indem man vor den Schalter einen Wechselrichter legt. Das geschieht bei den Geschwindigkeitsreglern nach DORNIG, die den Vorschaltwiderstand R (Bild 86) der Erregerwicklung einer Dynamo nach dem Tirillverfahren zeitweise kurzschließen. Dem Fliehkraftschalter S wird der Strom statt durch zwei Schleifringe durch einen einzigen Schleifring K zugeführt, der zwei- oder mehrmals geteilt ist. Der beim Öffnen von S entstehende Lichtbogen wird zwangläufig gelöscht, sobald eine offene Stelle des Schleifrings unter die Bürsten kommt. Zugleich hat der bis dahin brennende Bogen durchschnittlich wechselnde Richtung.

Die Löschschaltung nach Bild 47 wirkt auch bei Wechselstrom, wie das Arbeiten der Hochfrequenzheilgeräte zeigt. Dabei werden die Schaltstücke dank der kurzen Löschzeit mehr geschont als wenn man sich auf das Wechselstromlöschen verlassen würde.

Eine Abnutzung der Schaltstücke durch das Einschalten kommt bei Wechselstrom praktisch nicht in Betracht.

Die Abnutzung von Schleifkontakten

In Betracht gezogen werden nur Schleifring und Kollektor mit Bürsten aus graphitierter Kohle oder Bronzekohle[1]. Bezüglich dieses recht unübersichtlichen Gebietes sei auf die ausführlichen Angaben in [18] hingewiesen, aus denen leider auch nicht viel nützliche Folgerungen gezogen werden können. Hier sei nur das Wichtigste erwähnt.

Im stromlosen Zustand sind Reibung und Verschluß ungefähr dem Drucke P proportional und von der Auflagefläche F ziemlich unabhängig, wenigstens solange $\frac{P}{F} > 350$ g/cm². Der Reibungskoeffizient μ beträgt etwa 0,2. Die Abnutzung ist von der Luftfeuchtigkeit stark abhängig und steigt bei ganz trockener Luft auf ein Vielfaches.

Es zeigt sich, daß selbst bei gut eingelaufener Bürste die wirkliche stromführende Berührung nur an einem kleinen Bruchteil der scheinbaren Berührungsfläche stattfindet, ähnlich wie es für Druckkontakte

---

[1] Über die Abnutzung von Straßenbahnbügeln standen geeignete Unterlagen nicht zur Verfügung.

an Hand von Bild 73 erklärt wurde. — Manchmal, wohl besonders bei abgerundeter Anlaufkante der Bürste und natürlich nur bei hohen Geschwindigkeiten, bewirkt die unter die Bürste mitgerissene Luft eine merkliche Verminderung des Auflagedruckes.

Wenn die Bürste stärkeren Strom führt, erhöht sich die Abnutzung, auch beim Schleifring. Merkwürdigerweise ist sie bei Elektrographitbürsten größer, wenn der Strom vom Kupfer zur Bürste geht, bei Bürsten aus Metallgraphit (Bronzekohle) ist es umgekehrt.

Beim Kollektor tritt an der Ablaufkante der Bürste ein mehr oder weniger starkes Funken auf. Eine Versuchsreihe aus [18] fand mit einer Kollektornachbildung bei einer Relativgeschwindigkeit zwischen Bürste und Ring von etwa 20 m/s statt mit Stromstärken von 1 bis 7 A, wobei in den Stromkreis Selbstinduktionen von 4 bis $12 \cdot 10^{-4}$ H eingefügt waren, wohl um das Ankereisen nachzuahmen. Es ergab sich eine mittlere Dauer des Unterbrechungslichtbogens von ungefähr 0,1 ms. Die Abnutzung war bei negativer Elektrographitbürste um ein Mehrfaches größer als bei positiver. Das erklärt sich vermutlich dadurch, daß bei negativem Kupfer der Lichtbogen sich schwerer bildet und schneller erlischt.

Die Funkenbildung hat eine beiderseitige Aufrauhung und damit eine erhöhte Abnutzung zur Folge; brauchbare Zahlen fehlen.

Man pflegt Bürsten nicht zu schmieren. Nach Erfahrungen des Verfassers ist mäßiges Einfetten nützlich, die Möglichkeit öfterer Reinigung vorausgesetzt. Dafür gab es vor Jahrzehnten im Handel eine besondere Paste und ferner ein Kollektoröl, das nach Anilin roch und vielleicht nichts anderes war und das tatsächlich das Funken und die Abnützung herabgesetzt hat.

Besondere Schalter

A. Vakuumschalter

Die Durchschlagfestigkeit der Luft von Atmosphärendruck beträgt (s. S. 28), abgesehen von der druckunabhängigen Glimmspannung U_g rund 3000 V/mm und ist dem Drucke proportional. Das gilt aber nicht mehr für sehr niedrige Drucke, aus Gründen, die hier nicht erörtert werden sollen und in [6] und [9] ausführlich behandelt sind. Vielmehr ist die Durchschlagfestigkeit am geringsten bei einem Drucke von einigen Millimetern Quecksilber, wie ihn Leuchtröhren

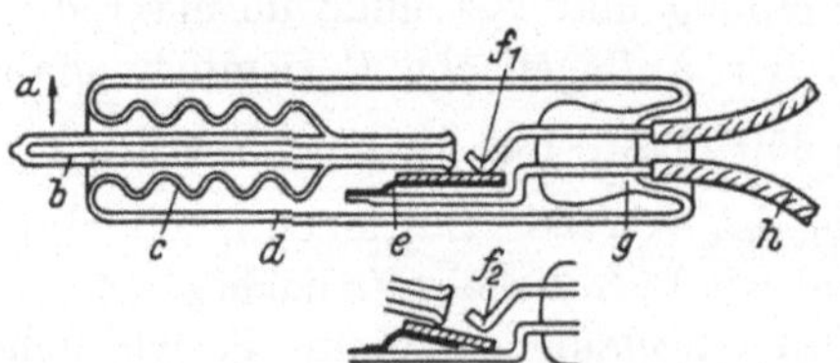

Bild 87. Protos-Vakuumschalter (Längsschnitt)

haben. Darunter steigt sie wieder und erreicht bei Hochvakuum ein Vielfaches jener bei gewöhnlichem Druck, angeblich $4 \cdot 10^5$ V/cm.

Baut man einen Schalter in Hochvakuum ein, so erlischt ein an ihm entstehender Unterbrechungslichtbogen bei nicht allzu hoher Stromstärke außerordentlich schnell, weil die heißen Metalldämpfe sofort in

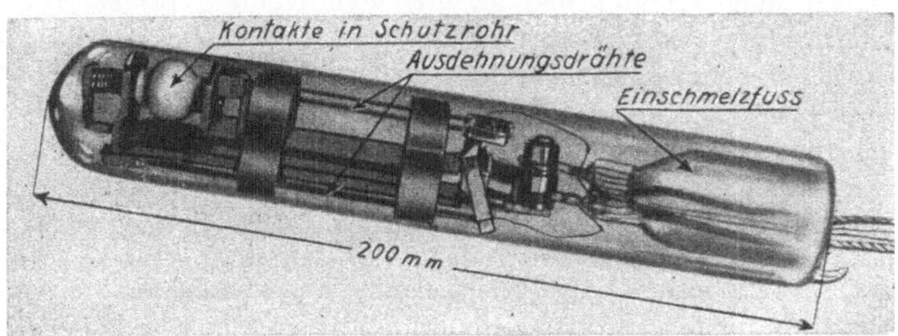

Bild 88. Birka-Vakuumschütz (Ansicht)

den leeren Raum entweichen und sich an einer nahen kühlen Stelle niederschlagen. Infolgedessen leiden das Vakuum und die Durchschlagfestigkeit nicht, wenn die Schaltstücke vorher völlig entgast sind, und bei einem Hube von weniger als 0,1 mm können schon Überspannungen von mehreren 1000 V entstehen. Den Grenzstrom i_u gibt [13] für Kupfer mit 25 bis 30 A an. Der Induktionsstoß selbst kleiner Spulen muß daher durch einen Kondensator aufgefangen werden. Die Plötzlichkeit der Unterbrechung wird offenbar durch das S. 64 erwähnte Kleben der Metalle unterstützt, das wie ein kaltes Schweißen wirkt und den Übergangswiderstand vermindert. Die Erwärmung durch den Bogen ist wegen seiner äußerst kurzen Dauer sehr gering.

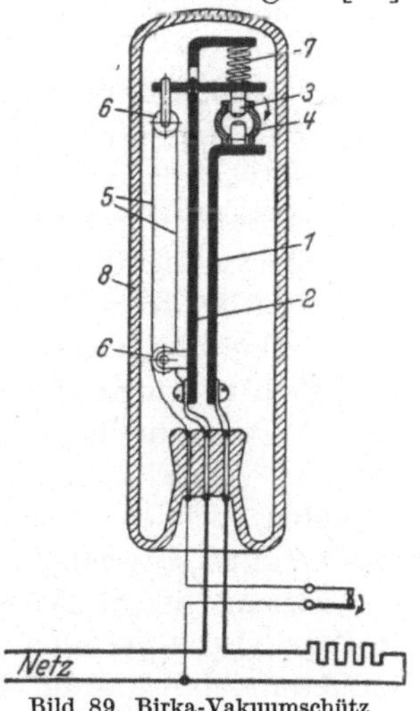

Bild 89. Birka-Vakuumschütz
(Längsschnitt)

Die Schaltstücke bestehen aus Kupfer, Eisen, Molybdän oder Wolfram. Eines ist fest, das andere wird von einer Feder oder einem federnden Hebel getragen.

Die Bewegung von außen einzuführen ist natürlich schwierig. Beim Protos-Vakuumschalter (Bild 87, etwa ½ nat. Größe) geschieht dies folgendermaßen: Der Strom wird von den Leitungen h durch den Quetschfuß g dem festen Kontakt f und dem bei e federnd gelagerten beweglichen Schaltstücke zugeführt. Auf letzteres drückt das innere Ende des zweiarmigen Glashebels b, dessen federnde Lagerung durch das gewellte Glasrohr c gebildet wird. Auf Druck in der Richtung a öffnet der Hebel den Schalter (unteres Bild).

Zuverlässiger und mit weniger Kraftbedarf wird die Bewegung im Inneren durch Wärme erzeugt. Die Wärmeregler der Birka Regulator G. m. b. H. für Plätteisen und dgl. enthalten eine Bimetallzunge, die sich bei Erwärmung krümmt und dadurch den Kontakt öffnet. Bei den Birka-Hitzedraht-Vakuumschützen (Bild 88 und 89) wird die Kraft durch die Ausdehnung der sehr dünndrahtigen Hitzdrahtwicklung *5—5* geliefert, die über zwei Isolierrollen *6—6* gelegt ist. Geht der Steuerstrom (einige Hundertstel A) durch diese Wicklung, so läßt sie den kleinen zweiarmigen Hebel, der die obere Rolle trägt und in einer Schneide des Armes *2* gelagert ist, dem Drucke der Feder *7* folgen. Dadurch kommt das vom Hebel getragene Wolframstück *3* zur Berührung mit dem auf dem Arme *1* sitzenden festen Schaltstücke. *4* ist ein keramischer Schutzkörper. — Der Hitzdrahtantrieb gestattet Steuerung durch Gleich- oder Wechselstrom; der primäre Schalter (z. B. ein Kontaktthermometer) bleibt wegen der sehr geringen Selbstinduktion funkenfrei.

Diese Vakuumschalter unterbrechen bis zu 20 A bei Spannungen bis zu 1000 V. Die Lebensdauer der Schütze wird bei Gleichstromvollast zu 150 000 Schaltungen angegeben; bei Wechselstrom soll sie noch viel höher sein.

B. Schalter in Gasen und Flüssigkeiten

Die Oxydation der Kontakte läßt sich verhindern durch Einbau in einen Behälter, der mit einem neutralen oder reduzierenden *Gase* gefüllt ist. Das würde zwar die Verwendung unedler Kontaktmetalle gestatten, lohnt sich aber im allgemeinen nicht. Denn Durchschlagsfestigkeit, Grenzstromstärke, Lichtbogenlänge und Abbrand sind nicht viel anders als in Luft. Nur die Löschwirkung läßt sich verbessern, weshalb man z. B. bei den rotierenden Quecksilberunterbrechern für Funkeninduktoren gelegentlich Leuchtgasspülung verwendet hat. Erhalten läßt sich aber ein Gasvorrat nur in einem zugeschmolzenen Glasgefäße, und da ist Hochvakuum vorteilhafter. Eine Ausnahme bilden die Quecksilberschalter (s. unten), bei denen schon der erhebliche Dampfdruck des Quecksilbers Hochvakuum ausschließt.

Wirksamer ist die Verwendung isolierender wasserstoffhaltiger *Flüssigkeiten*. Bei einer alten Bauart von Selbstunterbrechern für Funkeninduktoren tauchte ein schwingender Platindraht in Quecksilber, das mit Spiritus oder Petroleum bedeckt war. Auch rotierende Quecksilberunterbrecher wurden mit Petroleum gefüllt. Die Wirkung ist zunächst sehr gut, aber das Quecksilber verschlammt bald. Für Starkstrom höherer Spannung werden bekanntlich Ölschalter mit Schaltstücken aus Kupfer, Silber usw. in größtem Umfange angewandt.

C. Quecksilberschalter

Obwohl sie eigentlich aus dem Rahmen des Buches fallen, seien auch die Quecksilberschalter erwähnt. Ihre einfachste Form zeigt Bild 90[1] in etwa ¾ natürlicher Größe.
Die Gasfüllung besteht aus Wasserstoff von etwa halbem Atmosphärendruck. Geringes Kippen (3,5°) läßt das Quecksilber nach links fließen und die beiden eingeschmolzenen Drähte miteinander verbinden, praktisch ohne Über

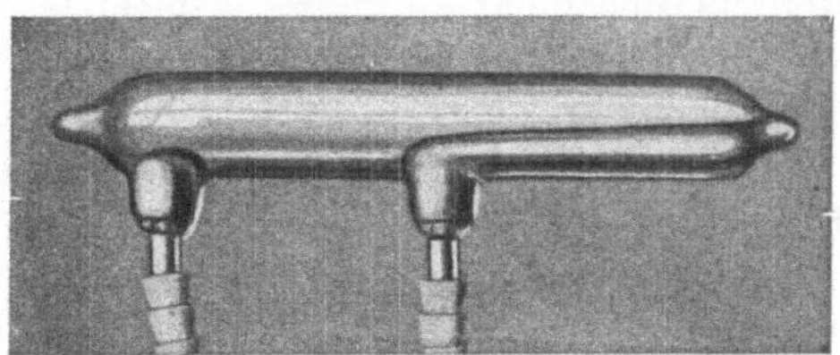

Bild 90. Quecksilberschaltröhre

gangswiderstand. Bei Rückkehr in die abgebildete Stellung findet die Unterbrechung zwischen Quecksilber und Quecksilber statt, wobei dessen Tropfenbildung plötzlich eine lange Schaltstrecke schafft. Dieser Umstand sowie die kühlende Wirkung des Wasserstoffs gestatten die Unterbrechung verhältnismäßig starker Ströme. Der dargestellte Schalter leistet 10 A Ohmschen Gleich

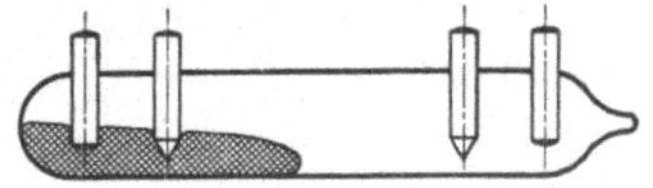

Bild 91. Quecksilberröhre als zweipoliger Umschalter

oder Wechselstrom bei 250 V. Eine nur 25 mm lange Röhre gleicher Art unterbricht 6 A, verlangt aber einen Kippwinkel von 10°.

Für höhere Ströme (bis 40 A) sowie für induktive Belastung werden Röhren aus Hartglas oder solche mit Funkenschutzeinlage aus Quarz oder einem keramischen Stoffe verwendet. Die sonstige Bauart kann je nach dem Zwecke sehr verschieden sein. Es gibt ein- und zweipolige Umschalter (Bild 91, beispielsweise mit Unterbrechung an Wolframspitzen), Röhren, die nicht gekippt, sondern etwa 90° um ihre horizontale Längsachse gedreht werden; Röhren mit verzögerter Ein- oder Ausschaltung, z. B. für Lichtreklame; Röhren, die feststehen und im Innern einen Eisenanker enthalten, der durch eine äußere Magnetspule bewegt wird und entweder selbst gegen Quecksilber schaltet oder als Verdrängungskörper ausgebildet ist (Bild 92).

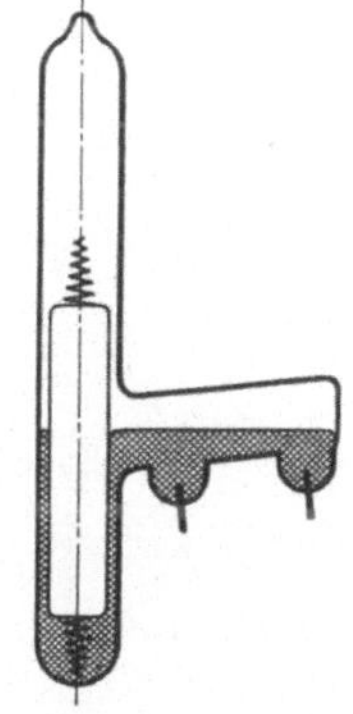

Bild 92. Magnetisch gesteuerter Quecksilberschalter (Längsschnitt)

Die an sich überraschend große Leistung der Quecksilberschalter geht bei höherer Spannung oder induktiver Last etwas herunter, besonders aber bei häufigem Schalten wegen der Erwärmung.

---

[1] Die Bilder sind einer Liste der Firma A. Zuckschwerdt, Ilmenau, entnommen. — Solche Schaltröhren sowie insbesondere Quecksilberrelais verschiedenster Bauart stellt u. a. auch die Ribau G. m. b. H., Berlin, her.

Die volle Nennleistung gilt für Schaltperioden von einigen Minuten und sinkt bei einigen Sekunden etwa auf die Hälfte. Die Lebensdauer wird zu einigen Tausend bis zu einigen Millionen Schaltungen angegeben und hängt sehr von der verhältnismäßigen Belastung ab. Man soll also die Röhrengröße nicht zu knapp wählen.

Die Vorteile gegenüber Schaltern mit festen Schaltstoffen in Luft sind:

1. Kein Übergangswiderstand, auch bei niedrigsten Spannungen.

2. Zuverlässigkeit und lange Lebensdauer, wenigstens bei reichlicher Bemessung der Größe.

3. Eingeschlossener Lichtbogen, daher keine Empfindlichkeit gegen Verstauben u. dgl. und kein Zünden von Gasexplosionen.

4. Verhältnismäßig geringe Schaltarbeit bei hohen Stromstärken, da kein Schaltdruck nötig.

5. Kondensator auch bei starkem Gleichstrom entbehrlich.

Nachteile:

1. Empfindlichkeit auf Lage, daher nur für feststehende Geräte brauchbar.

2. Mehr Raumbedarf.

3. Häufigeres Schalten als etwa in Sekundentempo wegen der Trägheit des Quecksilbers unmöglich.

4. Bei sehr schwachen Strömen verhältnismäßig große Schaltarbeit.

Literaturverzeichnis[1]

[1] HOEPP, W.: Über Unterbrechungslichtbogen bei elektrischen Schaltapparaten. ETZ Bd. 34 (1913) H. 2 u. 3.

[2] BURSTYN, W.: Ein neues Verfahren zur Löschung des elektrischen Lichtbogens. ETZ Bd. 34 (1913) H. 43.

[3] — Über lichtbogenfreie Unterbrechung elektrischer Ströme. ETZ Bd. 41 (1920) H. 26.

[4] HOEPP, W.: Lichtbogenfreie Schalter für Wechselstrom. ETZ Bd. 41 (1929) H. 38.

[5] RÜDENBERG, R.: Elektrische Schaltvorgänge. Berlin: Springer 1923.

[6] SEELIGER, R.: Einführung in die Physik der Gasentladungen. Leipzig: J. A. Barth 1927.

[7] HOLM, R.: Über metallische Kontaktwiderstände. Wiss. Veröff. Siemens-Konz. 1929 VII/2.

[8] — Zur Theorie der ruhenden, metallischen Kontakte. Wiss. Veröff. Siemens-Konz. 1931 X/4.

[9] ENGEL, A. v., u. M. STEENBECK: Elektrische Gasentladungen. (2 Bde.) Berlin: Springer 1934.

[10] BURSTYN, W.: Der elektrostatische Selbstunterbrecher. Funk 1932 S. 126.

[11] KRÜGER, W.: Formveränderungen an hochbelasteten Silberkontakten. München: R. Oldenbourg 1936 (Dissertation).

[12] GAULAPP, K.: Untersuchung der el. Eigenschaften des Abreißbogens. Ann. d. Ph. 1936, S. 705.

[13] FINK, H. P.: Untersuchungen über die Entstehung der Kontaktbögen. Wiss. Veröff. Siemens-Konz. 1936, S. 45.

[14] CLEMENT, A. W.: Relais Contacts, their ailments. Electronics, Dez. 1938.

[15] CURTIS, A. M.: Contact phenomena in telephone switching circuits. Bell Telephon Laboratories, Jan. 1940.

[16] LANGER, M.: Geräuschursachen der Schaltmittel in den Verbindungen der Fernsprechämter. TFT. 1941, S. 57.

[17] BURSTYN, W.: Neue Beobachtungen an Silberkontakten. ETZ 1941, S. 149.

[18] HOLM, R.: Die technische Physik der el. Kontakte. Berlin: Springer 1941.

[19] DIETRICH, Is., u. ED. RÜCHARD: Feinwanderung an Abhebekontakten. Z. f. ang. Physik I. 1. 1948.

[20] KEIL, A., u. C.-L. MEYER: Der Einfluß des Faserverlaufs auf die el. Verschleißfestigkeit Wo-Kontakten.

[21] MEYER, C.-L.: El. Kontakte aus Sinterwerkstoffen. Elektropost Nr. 21 (1952).

[22] BURSTYN, W.: Ein Beitrag zur Kontaktfrage. ETZ 1. 2. 53.

[23] KEIL, A.: Über die Formierung vor Elektroden- und Kontaktoberflächen durch die elektr. Entladung. Metall 1952, S. 674.

---

[1] Auf obige Literatur wird im Buche mit kursiven, zwischen eckigen Klammern gesetzten Ziffern verwiesen. — Ausführliche Literaturverzeichnisse sind insbesondere in [9] und [18] zu finden.

[*24*] Dietrich, Is.: Messung des Widerstandes dünner isolierender Schichten zwischen Goldkontakten im Bereich des Tunneleffektes. Z. f. Ph. Bd. 132 (1952) S. 231.

[*25*] Keil, A.: Eine spezif. Korrosionserscheinung an Wolfram. Werkstoffe u. Korrosion. Juli 1952.

[*26*] Keil, A., u. C.-L Meyer,.: Die Feinwanderung an Kontakten aus Legierungen mit Überstruktur. Metallkunde 1953, Heft 44.

[*27*] Keil, A., u. C.-L. Meyer: Korrosionserscheinungen an Unterbrecherkontakten. Die Elektropost 28. 2. 54.

[*28*] Keil, A.: Elektr. Kontakte aus Edelmetallen. Metall, 1954, Heft 15/16.

[*29*] Klaudy, P.: Eigenschaften u. Anwendungsmöglichkeiten von Flüssigkeitskontakten. ETZ 1955, S. 525.

Sachverzeichnis